AF452553

LA PREMIÈRE ANNÉE

DE

CALCUL MENTAL RAISONNÉ

A L'USAGE

DES ÉCOLES PRIMAIRES (Cours moyen, de 9 à 11 ans)
ET DES CLASSES ÉLÉMENTAIRES DES LYCÉES ET COLLÉGES

PAR MM.

Z. LAURENT
Officier de l'Instruction publique,
Inspecteur de l'enseignement primaire
à Paris

N. FLORIOT
Officier d'Académie,
Directeur d'école communale
à Paris

Les **programmes de 1882** pres-
crivent les exercices de *Calcul mental*
dans le *cours élémentaire*, dans le *cours
moyen* et dans le *cours supérieur*.

LIVRE DE L'ÉLÈVE

CONTENANT 1400 EXERCICES ET PROBLÉMES

Cet ouvrage sert de complément à tous
les cours d'*Arithmétique*. Il est suivi de la
Deuxième année.

PARIS

LIBRAIRIE CLASSIQUE ARMAND COLIN ET Cie

1, 3, 5, RUE DE MÉZIÈRES
(A côté de la Mairie Saint-Sulpice)

1887
Tous droits réservés

PRÉFACE

C'est à vous, enfants de neuf à onze ans, qu'est destinée notre *Première année de Calcul mental raisonné*.

Vous avez étudié la numération, et vous connaissez les quatre opérations fondamentales.

Avant même d'avoir été exercés au calcul écrit, vous aviez fait *de tête* de petites opérations sur les nombres, c'est-à-dire que, sans vous en douter, vous aviez fait du *calcul mental*.

Aujourd'hui, vos exercices de calcul écrit sont précédés et suivis d'autres exercices de calcul mental.

Eh bien! c'est ce *calcul de tête* que nous nous proposons de vous enseigner par ce petit ouvrage. Vous y trouverez des exemples expliqués, des règles claires et précises, des exercices nombreux et variés qui vous permettront de calculer mentalement avec sûreté et avec promptitude. Apportez dans cette étude l'attention et la réflexion nécessaires, et vous ne vous apercevrez pour ainsi dire pas des difficultés que, d'ailleurs, nous avons eu soin de bien graduer et de bien limiter.

Grâce à l'habitude du calcul mental étudié ainsi avec méthode, vous pourrez résoudre sans le secours de la plume, du crayon ou de la craie, les questions usuelles, les petits problèmes qui se présentent à chaque instant dans le cours de la vie; en outre, vous opérerez plus vite dans le calcul écrit, et vous vérifierez plus rapidement vos opérations.

Si ce petit volume peut servir à hâter vos progrès en calcul, ce sera, croyez-le, la meilleure récompense de notre travail.

Z. LAURENT et N. FLORIOT.

LA PREMIÈRE ANNÉE

DE

CALCUL MENTAL RAISONNÉ

NOMBRES ENTIERS

CHAPITRE PREMIER
NUMÉRATION — QUESTIONS USUELLES

I. NUMÉRATION

1. Combien d'unités et combien de dizaines dans : *dix-huit* pommes, *vingt-sept* couteaux, *trente-cinq* noix, *quarante-six* tables, *cinquante-deux* plumes ?

2. Combien d'unités, de dizaines, de centaines dans : *cent vingt-cinq* maisons, *deux cent quarante-huit* moutons ?

3. Combien y a-t-il de nombres entre deux dizaines consécutives ?

4. Combien y a-t-il de nombres entre deux centaines consécutives ?

5. Qu'appelle-t-on nombre pair, nombre impair ?

6. Quels sont les nombres pairs de **2** à **20**, de **20** à **50**, de **50** à **100** ?

7. Quels sont les nombres impairs de **3** à **21**, de **21** à **51**, de **51** à **101** ?

8. Énoncez de trois en trois les nombres compris entre **3** et **100**.

9. Quel ordre forment : 1º les unités, 2º les dizaines, 3º les centaines ?

10. Comment appelle-t-on les caractères avec lesquels on représente les nombres ?

11. Combien y a-t-il de chiffres ? Citez ces chiffres.

12. Quel est le chiffre qui n'a pas de valeur ? A quoi sert-il ?

13. Quel rang occupe le chiffre qui représente : 1º des unités, 2º des dizaines, 3º des centaines ?

14. Quel est le chiffre qui représente : 1° les unités, 2° les dizaines, 3° les centaines dans chacun des nombres 5 — 28 — 60 — 413 — 520 — 609 — 1418 — 3027?

15. Combien y a-t-il de classes dans chacun des nombres suivants : 8 — 39 — 502 — 6400 — 57609 — 362500?

16. Combien faut-il de chiffres pour former une tranche entière, ou pour représenter une classe entière d'unités?

17. La valeur d'un chiffre varie-t-elle avec le rang qu'il occupe? Donnez des exemples.

18. Quelle est la valeur absolue du chiffre **4** dans **14** — **45** — **431**; du chiffre **5** dans **519** — **53** — **15**; du chiffre **9** dans **92** — **19** — **900**?

19. Quelle est la valeur relative du chiffre **2** dans **2** — **12** — **29** — **215**; du chiffre **6** dans **60** — **609** — **16** — **6**; du chiffre **8** dans **18** — **1800** — **83** — **8**?

20. Quelles sont les unités représentées par un chiffre placé, à partir de la droite d'un nombre, au *premier rang*, au *deuxième rang*, au *troisième rang*?

II. QUESTIONS USUELLES

21. Quelle est la quantité d'objets représentés par les expressions : une *paire*, une *douzaine*, une *demi-douzaine*, un *quarteron*, une *grosse*, une *demi-grosse*?

22. Combien y a-t-il d'*heures* dans un jour?

23.	—	de *minutes* dans une heure?
24.	—	*jours* dans une semaine?
25.	—	*semaines* dans un mois?
26.	—	*jours* dans un mois?
27.	—	*mois* dans une année?
28.	—	*semaines* dans une année?
29.	—	*jours* dans une année?
30.	—	*saisons* dans une année?
31.	—	*mois* dans une saison?
32.	—	*années* dans un siècle?
33.	—	*mois* dans un trimestre?
34.	—	*mois* dans un semestre?
35.	—	*trimestres* dans une année?
36.	—	*semestres* dans une année?
37.	—	*trimestres* dans un semestre?

38. Qu'est-ce que : 1° le *double*, 2° le *triple*, 3° le *quadruple*, 4° le *quintuple*, 5° le *décuple* d'une quantité quelconque d'objets?

39. Quel est le double de *une* page, de *deux* noix, de *trois* plumes, de *quatre* crayons, de *cinq* ardoises?

40. Un élève a *deux* bons points ; si on lui *triple* cette récompense en raison de son travail, combien aura-t-il de bons points?

41. Quel est le triple de *un cahier*, de *deux livres*, de *trois cartons*, de *quatre chevaux?*

42. Quel est le quadruple de *un franc*, de *deux oranges*, de *trois pommes?*

43. Lorsqu'on partage une pomme en *deux* parties égales, *trois* parties égales, *quatre* parties égales, que représente chaque partie par rapport à la pomme entière?

44. Combien y a-t-il de moitiés, de tiers, de quarts dans *une* pomme, dans *un* gâteau, dans *une* unité?

45. Quelle est la moitié de *deux* francs, de *quatre* oranges, de *six* tables?

46. Quel est le tiers de *trois* chapeaux, de *six* moutons, de *neuf* crayons?

47. Quel est le quart de *quatre* plumes, de *huit* noix, de *douze* ardoises?

48. Quelle est la moitié de *huit* pêches?

49. Quel est le quart de *huit* pêches?

50. Combien la moitié d'*une* pomme vaut-elle de quarts de cette pomme?

51. Combien de quarterons de noix dans *un cent* de noix?

52. Combien de feuilles de papier dans *une main?*

53. Combien de mains de papier dans *une rame?*

54. Combien de plumes dans *une grosse?*

55. Y a-t-il plus de boutons dans *trois demi-grosses* que dans une *grosse et demie?*

56. Que reste-t-il d'une pomme dont on a mangé les *deux tiers?*

57. Un enfant a écrit sur les *trois cinquièmes* de son cahier : quelle partie du cahier a-t-il encore à remplir?

58. Paul a dépensé les *trois quarts* de ce qu'il avait : que lui reste-t-il?

CHAPITRE II

ADDITION DES NOMBRES ENTIERS

Premier cas.

$$2 \quad + \quad 3 \quad = \quad 5$$
$$7 \quad + \quad 6 \quad = \quad 13$$

Un nombre *inférieur à* 10   **plus**   Un nombre *inférieur à* 10.

Je dis :

2 et 3, **5**.

7 et 6, **13**.

Règle. — *Cette opération se fait de mémoire.*

EXERCICES ET PROBLÈMES.

59. Combien font **8** litres et **4** litres? **8** pains et **5** pains?
60.   —   **9** francs et **9** francs? **9** noix et **3** noix?
61.   —   **9** chats et **4** chats? **9** jours et **7** jours?

62. Donnez les résultats des additions ci-après indiquées:

8 + 7	9 + 6	2 + 7	4 + 9
5 + 8	3 + 9	2 + 8	6 + 3
6 + 5	4 + 7	3 + 7	1 + 8
9 + 8	1 + 7	3 + 5	4 + 8
5 + 6	7 + 8	7 + 9	8 + 6

63. Jules reçoit **7** francs de son père et **8** francs de sa mère : quelle somme a-t-il ?

64. Une fenêtre a **6** carreaux ; une porte en a **8** : combien la fenêtre et la porte ont-elles de carreaux ?

65. Paul a écrit **9** lignes le matin et **5** le soir : combien a-t-il écrit de lignes dans la journée ?

Deuxième cas.

$$20 \qquad + \qquad 5 \qquad = \qquad 25$$

Un nombre *exact de dizaines* **plus** Un nombre *inférieur à* **10,**

et **réciproquement.**

Je dis :

20 et 5, 25.

Règle. — *Aux dizaines on ajoute les unités.*

EXERCICES ET PROBLÈMES.

66. Combien font *vingt* tables et *six* tables ?

67. — *trente* élèves et *huit* élèves ?

68. — *quarante* mètres et *sept* mètres ?

69. Donnez les résultats des additions ci-après indiquées :

20 + 8	40 + 7	9 + 60	6 + 80
50 + 5	30 + 7	6 + 10	4 + 10
10 + 2	90 + 4	2 + 90	5 + 70
70 + 3	70 + 6	6 + 20	5 + 90
60 + 8	50 + 7	4 + 30	4 + 70

NOTA. — Résoudre les questions précédentes en énonçant les nombres dans un ordre inverse.

EXEMPLES : Combien font *six* tables et *vingt* tables ?
— *huit* élèves et *trente* élèves ?

70. Un petit garçon avait **20** billes ; son frère lui en donne **8** : combien a-t-il de billes ?

71. Alfred a gagné la semaine dernière **10** bons points ; cette semaine il en a mérité **9** : combien a-t-il de bons points en tout ?

72. Paul a **30** plumes ; s'il en achète **4**, combien en aura-t-il ?

73. On a distribué **40** ardoises aux élèves ; il en reste **9** sur le bureau du maître : combien y avait-il d'ardoises ?

Troisième cas.

$$A \quad 24 \quad + \quad 2 \quad = \quad 26$$
$$B \quad 49 \quad + \quad 8 \quad = \quad 57$$

Un nombre *compris entre* **9 et 100** **plus** Un nombre *plus petit que* 10,

et réciproquement.

A. Je dis :

4 et 2, **6**, et 20, **26**.

B. Je dis :

9 unités et 8 unités font 17 unités
ou **1** dizaine et **7** unités ;

4 dizaines et **1** dizaine de retenue font **5** dizaines
ou **50**, et 7, **57**.

Rapidement : 8 et 9, **17**; **7** et **50 57**.

Règle. — *On fait la somme des unités et on l'ajoute aux dizaines.*

EXERCICES.

74. Combien font *trois* pommes et *six* pommes ?
75.   —   *vingt-trois* pommes et *six* pommes ?
76.   —   *cinquante-trois* pommes et *six* pommes ?
77.   —   *trois* billes et *quatre* billes ?
78.   —   *trente-trois* billes et *quatre* billes ?
79.   —   *soixante-trois* billes et *quatre* billes ?
80.   —   *cinq* plumes et *quatre* plumes ?
81.   —   *quinze* plumes et *quatre* plumes ?
82.   —   *quarante-cinq* plumes et *quatre* plumes?
83.   —   *cinq* élèves et *six* élèves ?
84.   —   *vingt-cinq* élèves et *six* élèves ?
85.   —   *trente-cinq* élèves et *six* élèves ?

86. Combien font *sept* mètres et *huit* mètres ?
87. — 17 mètres et 8 mètres ?
88. — 57 mètres et 8 mètres ?
89. — 9 chapeaux et 4 chapeaux ?
90. — 39 chapeaux et 4 chapeaux ?
91. — 79 chapeaux et 4 chapeaux ?
92. — 13 bons points et 6 bons points ?
93. — 72 tableaux et 6 tableaux ?
94. — 91 bancs et 6 bancs ?
95. — 13 chaises et 3 chaises ?
96. — 73 tables et 3 tables ?
97. — 93 clefs et 3 clefs ?
98. — 16 poulets et 9 poulets ?
99. — 8 pigeons et 17 pigeons ?
100. — 6 lapins et 18 lapins ?
101. — 7 lièvres et 19 lièvres ?
102. — 9 portes et 21 portes ?
103. — 7 carreaux et 25 carreaux ?
104. — 8 encriers et 29 encriers ?
105. — 7 cahiers et 36 cahiers ?
106. — 46 toupies et 8 toupies ?
107. — 57 enfants et 9 enfants ?

108. Donnez les résultats des additions ci-après indiquées :

$65 + 8$	$77 + 9$	$7 + 88$	$5 + 94$
$38 + 7$	$42 + 8$	$6 + 35$	$4 + 19$
$16 + 9$	$84 + 7$	$9 + 43$	$6 + 91$
$85 + 6$	$73 + 6$	$8 + 76$	$8 + 45$
$58 + 8$	$37 + 9$	$7 + 67$	$9 + 54$

NOTA. — Résoudre les questions précédentes en énonçant les nombres dans un ordre inverse.

EXEMPLES : Combien font *six* pommes et *trois* pommes ?
— *six* pommes et *vingt-trois* pommes ?
— *six* pommes et *cinquante - trois* pommes ? etc.

PROBLÈMES.

109. Combien y a-t-il d'arbres dans un jardin qui renferme **32** pommiers et **9** cerisiers?

110. Dans une classe, il y a **48** élèves présents; **6** autres sont absents: quel est le nombre des élèves inscrits?

111. Jules avait **15** francs; son oncle lui en a donné **7**: quelle somme Jules possède-t-il?

112. La salle de dessin est éclairée par **35** becs de gaz, et le préau par **8**: quel est le nombre des becs de gaz?

113. Une ménagère a dépensé **17** francs au marché et **7** francs chez l'épicier: quelle somme totale a-t-elle payée?

114. Combien une salle de classe a-t-elle de tables, s'il y en a **15** d'un côté et **9** de l'autre?

115. Vous avez **34** billes et votre petit frère **9**: combien avez-vous de billes pour vous deux?

116. On a distribué des crayons aux **48** élèves d'une classe; il reste **8** crayons: quel était le nombre de crayons?

117. Un tailleur d'habits a dans son magasin **57** paletots; si un ouvrier lui en apporte **7**, combien aura-t-il de paletots en magasin?

118. Une avenue est ombragée par **92** marronniers et **8** peupliers: quel est le nombre des arbres de cette avenue?

119. Je vous ai donné cette semaine **89** plumes; il m'en reste **9**: combien en avais-je?

120. Combien compte-t-on de volailles dans une basse-cour où sont élevés **37** poules et **6** canards?

121. Nous avons appris **22** lignes de notre fable; il nous en reste **8** à étudier: combien la fable a-t-elle de lignes?

122. Un jardinier cueille **45** pêches; il en reste **9** sur l'arbre: combien le pêcher avait-il de fruits?

123. Une ménagère a dépensé **65** fr. en quinze jours; il lui reste **9** fr.: quelle somme avait-elle pour sa quinzaine?

124. Quelle somme possède une personne qui a **87** francs en monnaie d'argent et **8** francs en monnaie de bronze?

125. Une caisse contient **28** kilogrammes de fromage; la caisse vide pèse **7** kilogrammes: quel est le poids de la caisse pleine?

126. Quel poids porte une ménagère qui a fait provision de **5** kilogrammes de pain et de **17** kilogrammes de légumes?

Quatrième cas.

A   40   +   20   =   60
B   50   +   70   =   120

Un nombre
exact de dizaines   **plus**   Un nombre
exact de dizaines.

A. Je dis :

4 dizaines et **2** dizaines font **6** dizaines ou **60**.

B. Je dis :

5 dizaines et **7** dizaines font **12** dizaines ou **120**.

Rapidement : A.   4 et **2**, **6**, **60**.

—   B.   5 et 7, **12**, **120**.

Règle. — *On additionne les dizaines, et l'on exprime le résultat en unités.*

EXERCICES ET PROBLÈMES.

127. Combien font **10** plumes et **20** plumes ?
128.   —   **30**   —   et **50**   —
129.   —   **20**   —   et **30**   —
130.   —   **40**   —   et **30**   —
131.   —   **50**   —   et **40**   —
132.   —   **60**   —   et **20**   —
133.   —   **70**   —   et **10**   —
134.   —   **80**   —   et **20**   —

135. Deux paquets de crayons contiennent l'un **20** crayons et l'autre **30** crayons; combien contiennent-ils : 1º de dizaines de crayons; 2º de crayons ?

136. On a mis **70** pommes dans un panier et **50** dans un autre ; combien les deux paniers contiennent-ils : 1º de dizaines de pommes; 2º de pommes ?

137. Une pension a **60** lits au premier étage et **30** au deuxième : combien a-t-elle de lits en tout ?

138. Mon frère aîné gagne **90** francs par mois et le cadet **70** francs : que gagnent-ils ensemble ?

139. On a employé **90** cahiers dans une classe et **80** dans la classe voisine : combien a-t-on employé de cahiers en tout ?

Cinquième cas.

$$57 \quad + \quad 30 \quad = \quad 87$$

Un nombre		Un nombre
compris entre	**plus**	*exact de dizaines,*
9 *et* **100**		

et réciproquement.

Je dis :

 5 dizaines et **3** dizaines, **8** dizaines ou **80**,
  et **7** unités, **87**.

Rapidement : **50** et **30**, **80**, et **7**, **87**.

Règle. — *On fait la somme des dizaines, et l'on y ajoute les unités.*

EXERCICES.

140. Combien font *treize* cahiers et *dix* cahiers?
141.   —   *quinze* cahiers et *dix* cahiers?
142.   —   *dix-sept* plumes et *vingt* plumes?
143.   —   *dix-neuf* plumes et *vingt* plumes?
144.   —   **22** crayons et **30** crayons?
145.   —   **28** crayons et **30** crayons?
146.   —   **42** ardoises et **40** ardoises?
147.   —   **46** encriers et **50** encriers?
148.   —   **52** porte-plumes et **60** porte-plumes?
149.   —   **57** pages et **70** pages?
150.   —   **63** pages et **70** pages?
151.   —   **71** lignes et **80** lignes?
152.   —   **83** lignes et **90** lignes?
153.   —   **92** mots et **60** mots?
154.   —   **95** mots et **70** mots?
155.   —   **78** élèves et **40** élèves?

NOTA. — Résoudre les questions précédentes en énonçant les nombres dans un ordre inverse.

EXEMPLES : Combien font *dix* cahiers et *treize* cahiers?
  —   *dix* cahiers et *quinze* cahiers?

PROBLÈMES.

156. Si la première section de votre classe compte **27** élèves et la seconde **20**, combien êtes-vous d'élèves dans votre classe?

157. Votre père a gagné **38** francs dans sa semaine et votre mère **20** francs : combien ont-ils reçu ensemble?

158. Votre père a **43** ans et votre mère **40** : combien d'années ont-ils à eux deux?

159. Gustave a **64** francs dans sa tirelire; son frère en a **60** : combien ont-ils pour eux deux?

160. Un pommier a donné **76** pommes et un autre **60** : combien a-t-on récolté de pommes en tout?

161. Il est né dans une commune **88** garçons et **70** filles : quel est le total des naissances?

162. Il a passé sur le boulevard **98** voitures le matin et **90** le soir : combien de voitures ont passé dans la journée sur le boulevard?

163. Mon paletot coûte **20** francs et mon pantalon **13** : quel est le prix de ces deux vêtements?

164. Il y a **30** élèves dans votre classe; s'il entrait **17** élèves nouveaux, combien seriez-vous en tout?

165. J'ai payé pour **40** francs de charbon et pour **23** francs de bois : combien ai-je donné d'argent?

166. Votre père paye **50** francs au propriétaire et **35** francs au boulanger : quelle somme a-t-il donnée?

167. Une fermière a vendu deux paniers d'œufs; l'un contenait **60** œufs et l'autre **48** : combien a-t-elle vendu d'œufs en tout?

168. On a tiré d'une feuillette de vin, d'abord **70** litres, puis **39** litres : combien cette feuillette contenait-elle de litres?

169. Ma grammaire renferme **80** pages et mon histoire de France **72** : combien ces deux livres ont-ils de pages?

170. J'ai brûlé **90** fagots et il m'en reste **88** : combien avais-je de fagots?

171. Combien a-t-on brûlé d'hectolitres de coke pour le chauffage d'une école, sachant qu'il a été fait deux livraisons, l'une de **75** hectolitres et l'autre de **90** hectolitres?

Sixième cas.

A	32	+	27	=	59
B	54	+	38	=	92

Un nombre comprenant des *dizaines* et des *unités*   **plus**   Un nombre comprenant des *dizaines* et des *unités*.

A. Je dis :

32 et 20, **52**, et **7**, **59**.

B. Je dis :

54 et 30, **84**, et 8, **92**.

Règle. — *On ajoute au premier nombre les dizaines du deuxième, puis on augmente le résultat des unités du deuxième nombre.*

EXERCICES.

172. Combien font 14 souliers et 12 souliers ?
173.   —   16 bas et 14 bas ?
174.   —   23 pantalons et 15 pantalons ?
175.   —   32 gilets et 17 gilets ?
176.   —   36 robes et 22 robes ?
177.   —   43 chapeaux et 25 chapeaux ?
178.   —   55 cravates et 23 cravates ?
179.   —   64 mouchoirs et 32 mouchoirs ?
180.   —   72 habits et 46 habits ?
181.   —   84 chemises et 52 chemises ?
182.   —   93 boutons et 66 boutons ?

183. Donnez les résultats des additions ci-après indiquées :

47 + 45	58 + 39	69 + 54	72 + 68
83 + 79	95 + 86	93 + 34	65 + 56
55 + 63	49 + 57	21 + 95	48 + 92
72 + 84	34 + 65	48 + 73	69 + 43

PROBLÈMES.

184. Une rue compte, à droite, **68** maisons; à gauche, **72** : de combien de maisons se compose la rue?

185. Deux propriétés contiguës sont divisées, l'une en **29** petits jardins, l'autre en **32** : combien y a-t-il de jardins dans les deux propriétés?

186. Deux maisons appartenant au même propriétaire ont, l'une **14** logements, l'autre **19** : combien le propriétaire peut-il avoir de locataires?

187. On a fourni à un entrepreneur **36** voitures de pierre, puis **29** : quel est le nombre des voitures fournies?

188. Pour la fête nationale, on a placé **93** mâts dans la rue principale et **87** dans les rues adjacentes : combien a-t-on planté de mâts?

189. Un boulanger a fourni à un restaurant **86** pains et à un autre **79** : combien ce boulanger a-t-il fourni de pains pour les deux restaurants?

190. Deux sections de gymnastique comprennent l'une **49** élèves et l'autre **53** : combien comptent-elles d'élèves à elles deux?

191. Une voiture est chargée de **38** sacs de coke et de **13** sacs de charbon : dites le nombre de sacs.

192. Un fermier possède **94** moutons et **27** vaches : combien a-t-il d'animaux dans son écurie?

193. La population d'un village est de **53** hommes et de **92** femmes et enfants : combien y a-t-il d'habitants dans ce village?

194. Combien y a-t-il de poissons dans deux caisses dont l'une contient **32** merlans et l'autre **52** harengs?

195. Quelle est la charge d'un homme qui porte un sac de pommes de terre pesant **27** kilogrammes et un sac de carottes d'un poids de **19** kilogrammes?

196. Combien de livres fournira-t-on aux élèves d'une classe, si l'on doit leur livrer **63** grammaires et **57** arithmétiques?

197. Combien a de noix une personne qui en a acheté un *quarteron*, puis une *douzaine*?

198. Dans un verger, on compte **88** pommiers et **77** pruniers : combien y a-t-il d'arbres dans ce verger?

Septième cas.

A 400   +   300 = 700
B 800   +   600 = 1400

Un nombre
exact de centaines   **plus**   Un nombre
exact de centaines.

A. Je dis :

4 centaines et **3** centaines, **7** centaines ou **700**.

B. Je dis :

8 centaines et **6** centaines, **14** centaines ou **1400**.

Rapidement : A.   **4** et **3**, **7**, **700**.

—   B.   **8** et **6**, **14**, **1400**.

Règle. — *On additionne les centaines, et l'on exprime le résultat en unités.*

EXERCICES.

Combien font :

199. *Deux centaines* de soldats et *une centaine* de soldats ?

200. *Trois centaines* de fantassins et *deux centaines* de fantassins ?

201. *Quatre centaines* de piétons et *trois centaines* de piétons ?

202. *Cinq centaines* de cavaliers et *quatre centaines* de cavaliers ?

203. *Six centaines* de canons et *cinq centaines* de canons ?

204. *Sept cents* fusils et *six cents* fusils ?

205. *Huit cents* sabres et *sept cents* sabres ?

206. *Neuf cents* balles et *huit cents* balles ?

207. *Neuf cents* cartouches et *neuf cents* cartouches ?

208. *Sept cents* chevaux et *cinq cents* chevaux ?

209. Combien font **200** mètres et **100** mètres ?

210.   —   400   —   200   —
211.   —   300   —   300   —
212.   —   500   —   400   —
213.   —   700   —   500   —
214.   —   600   —   400   —

PROBLÈMES.

215. Quel nombre trouve-t-on en additionnant *deux cents* francs et *cinq cents* francs?

216. On a amené, jeudi dernier, au marché de la Villette, à Paris, *trois cents* moutons par le chemin de fer de l'Est, et *quatre cents* par le chemin de fer du Nord : combien y avait-il de moutons sur le marché?

217. Un jardinier a vendu *huit cents* pieds de laitue et *sept cents* pieds de romaine : combien a-t-il vendu de pieds de salade?

218. Combien y a-t-il de conscrits dans deux arrondissements de Paris dont l'un en compte **900** et l'autre **700**?

219. Si l'on ajoute **300** volumes à une bibliothèque qui en contient **800,** combien cette bibliothèque aura-t-elle de volumes?

220. A un champ de **900** mètres carrés, on réunit un autre champ de **800** mètres carrés : quelle est la superficie totale?

221. Une famille a deux fûts de cidre, l'un de **600** litres, l'autre de **800** litres : quelle est, en litres de cidre, la provision de cette famille?

222. Un ouvrier reçoit deux commandes qui s'élèvent l'une à **300** francs, l'autre à **500** francs : quelle somme recevra-t-il?

223. On a réuni, pour un examen, les élèves d'un canton, savoir : **400** jeunes filles et **300** garçons : combien a-t-on réuni d'élèves en tout?

224. Un commerçant commande **800** mètres de soie et **900** mètres de mérinos : combien de mètres d'étoffe ce commerçant recevra-t-il?

225. Sur l'un des plateaux d'une balance on a mis deux paquets, l'un de **800** grammes et l'autre de **700** : quel est le poids total?

226. Un particulier redoit **600** francs sur le prix de sa maison et **500** francs sur celui des terres qu'il a achetées : quelle somme a-t-il encore à payer?

227. Un épicier a acheté pour **600** francs d'huile à brûler et pour **400** francs d'huile d'olive : quelle somme doit-il donner?

Huitième cas.

$$300 \quad + \quad 452 \quad = \quad 752$$

Un nombre *exact de centaines* **plus** Un nombre *inférieur à* 1000,

et réciproquement.

Je dis :

3 centaines et 4 centaines, **7** centaines ou **700**, et 52 unités, **752**.

Rapidement : 300 et 400, **700**, et 52, **752**.

Règle. — *On fait la somme des centaines, et l'on y ajoute le nombre formé par les dizaines et unités.*

Remarque. — *L'un des nombres est inférieur à* 100.

$$300 + 47.$$

Je dis :

300 et 47, **347**.

Nota. — On a dit de même 20 et 5, **25**.

EXERCICES.

228.	Combien font	800	poulets plus	4	poulets?
229.	—	200	—	5	—
230.	—	300	—	6	—
231.	—	900	boutons et	45	boutons?
232.	—	400	—	63	—
233.	—	600	—	87	—
234.	—	700	—	92	—
235.	—	800	—	18	—
236.	—	300	feuilles plus	143	feuilles?
237.	—	500	—	217	—
238.	—	700	—	239	—
239.	—	900	—	112	—
240.	—	100	—	837	—
241.	—	600	—	395	—
242.	—	800	—	169	—

243. Donnez les résultats des additions ci-après indiquées :

828 + 600	119 + 200	312 + 600	425 + 300
319 + 400	437 + 700	406 + 200	317 + 200
713 + 500	624 + 800	708 + 300	946 + 100
609 + 200	146 + 300	720 + 400	583 + 400
403 + 700	975 + 500	940 + 500	316 + 200

NOTA. — Résoudre les questions précédentes en énonçant les nombres dans un ordre inverse.

EXEMPLE : Combien font **4** poulets + **800** poulets ?

PROBLÈMES.

244. Un épicier avait **100** kilogrammes de sucre ; il en achète **246** kilogr. : quelle est sa provision de sucre en magasin ?

245. Un cantonnier a nettoyé une route sur une longueur de **500** mètres, puis sur une autre longueur de **493** mètres : quelle longueur totale a-t-il nettoyée ?

246. Un réservoir contient déjà **300** litres d'eau ; un robinet y amène **648** litres pour le remplir : quelle est la contenance du réservoir ?

247. Un train de chemin de fer a transporté **600** voyageurs à l'aller et **395** au retour : combien ce train a-t-il transporté de voyageurs en tout ?

248. Pour les appartements d'une maison neuve, on a livré **400** lames de parquet, puis **539** : quelle a été la livraison totale ?

249. J'ai payé une provision de vin en donnant **200** francs en or et **372** francs en argent : quelle somme devais-je ?

250. Dans une année, un ouvrier a fait **100** journées chez un patron et **202** chez un autre : pendant combien de jours cet ouvrier a-t-il travaillé ?

251. Un calorifère a consumé dans un mois **700** kilogrammes de charbon ; le mois suivant, **840** kilogrammes : quelle provision de charbon a-t-il fallu ?

252. Un fermier a récolté **200** hectolitres de blé et **210** d'avoine : combien ce fermier a-t-il récolté d'hectol. en tout ?

253. Un écolier a eu **200** présences à l'école avant Pâques, et **139** de Pâques aux grandes vacances : combien de fois s'est-il rendu à l'école ?

Neuvième cas.

$$A \quad 430 \quad + \quad 27 \quad = \quad 457$$
$$B \quad 560 \quad + \quad 125 \quad = \quad 685$$

Un nombre comprenant des *centaines* et des *dizaines* **plus** Un nombre *inférieur* à **1000**,

et **réciproquement.**

A. Je dis :

43 dizaines et 2 dizaines, **45** dizaines ou **450**, et 7, **457**.

B. Je dis :

56 dizaines et 12 dizaines, **68** dizaines ou **680**, et 5, **685**.

Rapidement : A.   43 et 2, **45**, et 7, **457**.

—   B.   56 et 12, **68**, et 5, **685**.

Règle. — *On fait la somme des dizaines, et l'on y ajoute les unités.*

Remarque. — *L'un des nombres est inférieur à* **10.**

$$320 + 7.$$

Je dis :   320 et 7, **327**.

EXERCICES.

254.	Combien font	510 grammes plus	9	grammes?
255.	—	620	7	—
256.	—	740	8	—
257.	—	330	5	—
258.	—	270	6	—
259.	—	940 kilogram. plus	27	kilogr?
260.	—	870	19	—
261.	—	660	37	—
262.	—	590	12	—
263.	—	430	68	—
264.	—	380 francs plus	124	francs ?
265.	—	540	169	—

266. Combien font **230** francs plus **271** francs ?
267. — **610** — **308** —
268. — **920** — **104** —
269. — **5** mètres plus **830** mètres ?
270. — **6** — **780** —
271. — **7** — **420** —
272. — **9** — **310** —
273. — **8** — **540** —
274. — **17** litres plus **340** litres ?
275. — **48** — **560** —
276. — **62** — **810** —
277. — **70** — **320** —
278. — **80** — **410** —
279. — **125** francs plus **810** francs ?
280. — **234** — **220** —
281. — **351** — **120** —
282. — **402** — **510** —

283. Donnez les résultats des additions ci-après indiquées

410 + 9	7 + 990	112 + 340	180 + 509
580 + 8	6 + 870	215 + 550	230 + 712
320 + 43	19 + 320	341 + 630	960 + 117
530 + 32	68 + 410	524 + 360	840 + 148
940 + 56	82 + 520	607 + 490	750 + 225

Nota. — Résoudre les questions précédentes en énonçant les nombres dans un ordre inverse.

Exemples : Combien font **9** grammes plus **510** grammes ?
— **7** grammes plus **620** grammes ?

PROBLÈMES.

284. La principale agglomération d'une commune comprend **510** habitants ; le hameau dépendant de cette commune renferme **58** personnes : dites la population de la commune ?

285. La garnison d'une ville comprend **920** fantassins et **125** cavaliers : dites le nombre de soldats.

286. Une salle d'armes renferme **380** fusils et **217** revolvers : combien d'armes en totalité?

287. Un marchand de porcelaine commande **720** assiettes et **73** plats : combien d'objets recevra-t-il?

288. Quelle somme a-t-on dans deux bourses contenant l'une **810** francs et l'autre **149** francs?

289. Quelle somme aura-t-on à payer, si l'on achète un cheval de **430** francs et une voiture de **245** francs?

290. J'ai acheté pour **610** francs de marchandises que je revends avec **92** fr. de bénéfice : quel est le prix de vente?

291. J'ai perdu **130** francs en revendant un piano pour **415** francs : combien ce piano m'avait-il coûté?

292. Après avoir tiré **190** litres d'une barrique de vin, il en reste encore **35** : dites la contenance de cette barrique?

293. Un employé auquel on a retenu **25** francs pour amendes, a reçu dans un trimestre **650** francs : combien cet employé gagne-t-il en trois mois?

294. Une personne a dépensé **410** francs pendant un voyage ; elle rentre chez elle avec **257** francs : quelle somme cette personne avait-elle emportée?

295. Le grand dictionnaire Larousse coûte **480** francs, et le dictionnaire Littré **113** francs : quelle somme faut-il pour faire l'acquisition de ces deux ouvrages?

296. Deux champs ont produit l'un **630** gerbes de blé et l'autre **229** : quelle est la récolte totale?

297. On donne à un domestique **370** francs de gages et **92** francs d'étrennes : combien reçoit-il pour son année?

298. On paye pour un enfant **650** francs de pension et **137** francs de frais divers : quelle est la dépense totale?

299. Une personne a **865** francs; il lui manque **950** francs pour payer ses dettes : combien doit-elle?

300. Combien une route avait-elle d'arbres, sachant qu'on en a abattu **589** et qu'il en reste **680**?

301. Une personne achète à l'Hôtel des Ventes le mobilier d'une salle à manger et celui d'une chambre à coucher; elle paye **640** francs pour le 1er et **548** francs pour le 2e : quelle somme dépense-t-elle?

302. L'entretien d'une maison a coûté **360** francs pour les réparations extérieures et **633** francs pour les réparations intérieures : quelle a été la dépense totale?

Dixième cas.

A	215	+	8	=	223
B	123	+	36	=	159
C	548	+	212	=	760

Un nombre comprenant des *centaines, dizaines et unités* **plus** Un nombre *inférieur à* **1000,**

et réciproquement.

A. Je dis :

5 et 8, **13**, et 210, **223**.

B. Je dis :

123 et 30, **153**, et 6, **159**.

C. Je dis :

548 et 200, **748**, et 12, **760**.

1ʳᵉ Règle. — *Si l'un des nombres est inférieur à dix, on fait la somme des unités et on l'ajoute aux dizaines.*

2ᵉ Règle. — *Si l'un des nombres ne contient que des dizaines et des unités, on ajoute à l'autre nombre d'abord les dizaines, puis les unités.*

3ᵉ Règle. — *Si les deux nombres contiennent des centaines, on ajoute à l'un d'abord les centaines, puis les dizaines et unités de l'autre.*

EXERCICES.

303.	Combien font	**129**	lignes	plus	**3** lignes ?
304.	—	**247**	—		**8** —
305.	—	**368**	—		**5** —
306.	—	**549**	—		**4** —
307.	—	**663**	—		**6** —

308. Combien font **385** soldats et **15** soldats ?
309.   —   **567** — **33** —
310.   —   **612** — **88** —
311.   —   **938** — **47** —
312.   —   **417** — **53** —
313.   —   **115** briques plus **104** briques ?
314.   —   **246** — **212** —
315.   —   **517** — **309** —
316.   —   **435** — **250** —
317.   —   **628** — **341** —
318.   —   **8** francs plus **313** francs ?
319.   —   **7** — **524** —
320.   —   **9** — **731** —
321.   —   **6** — **845** —
322.   —   **5** — **217** —
323.   —   **13** mètres et **123** mètres ?
324.   —   **25** — **225** —
325.   —   **32** — **341** —
326.   —   **48** — **402** —
327.   —   **52** — **531** —
328.   —   **212** grammes et **308** grammes ?
329.   —   **513** — **204** —
330.   —   **403** — **512** —
331.   —   **608** — **214** —

332. Donnez les résultats des additions ci-après indiquées :

9 + 309	19 + 342	634 + 263	634 + 729
8 + 427	27 + 536	722 + 148	325 + 643
7 + 364	38 + 458	517 + 532	715 + 937
6 + 512	42 + 272	641 + 225	623 + 685
5 + 636	51 + 325	508 + 491	462 + 849

333. Donnez les résultats des additions ci-après indiquées :

629 + 412	444 + 556	438 + 575	745 + 342
354 + 947	333 + 667	983 + 256	689 + 572
515 + 813	222 + 778	417 + 315	857 + 639
612 + 229	111 + 889	528 + 914	918 + 717
487 + 368	666 + 334	287 + 362	549 + 847

NOTA. — Résoudre les questions précédentes en énonçant les nombres dans un ordre inverse.

PROBLÈMES.

334. Clovis fut reconnu roi en **481** : en quelle année gagna-t-il la bataille de Soissons qui eut lieu **5** ans plus tard ?

335. La bataille de Tolbiac fut livrée **10** ans après celle de Soissons, qui eut lieu en **486** : quelle est la date de la bataille de Tolbiac ?

336. Clovis est monté sur le trône en **481** et il a régné **30** ans : en quelle année est-il mort ?

337. Deux ouvriers ont gagné, l'un **212** francs, l'autre **187** francs : quelle somme faut-il pour les payer ?

338. On a brûlé dans la première quinzaine de décembre **325** kilogr. de houille ; dans la seconde quinzaine, **315** kilogr. : quel est le poids de la houille brûlée en décembre ?

339. La consommation de gaz faite par un commerçant a été de **536** mètres cubes pendant les trois premiers trimestres de l'année, et de **144** pendant le dernier trimestre : combien ce commerçant a-t-il brûlé de mètres cubes de gaz pendant toute l'année ?

340. Charlemagne a régné **46** ans ; il avait été reconnu roi en **768** : en quelle année mourut Charlemagne ?

341. Charlemagne fut couronné empereur **32** ans après son avènement au trône qui avait eu lieu en **768** : donnez la date de son couronnement.

342. Un commerçant a dû payer pour son éclairage au gaz **161** francs, plus **43** francs : quelle somme a-t-il donnée ?

343. Un jeune ouvrier avait **619** fr. à la caisse d'épargne ; il y place encore **95** fr. : quelle somme a-t-il économisée ?

344. J'ai payé une facture de **412** francs : quelle somme avais-je, s'il me reste encore **127** francs ?

345. Les rois de la race carlovingienne ont régné, à partir de l'an **752**, pendant **235** années : quelle est la date de la fin du règne du dernier roi de cette race ?

346. Quelle est la charge d'une voiture qui doit livrer deux commandes de bois, l'une de **525** kilogrammes, l'autre de **375** kilogrammes ?

347. Quelle est la dépense totale d'une personne qui achète **725** francs de meubles et **118** francs de linge ?

348. Que doit-on vendre une marchandise sur laquelle on gagnera **89** francs, si le prix d'achat est de **615** francs ?

PROBLÈMES DE RÉCAPITULATION SUR L'ADDITION

349. Combien de souliers dans **6** paires de souliers?
350. — pommes dans **2** douzaines de pommes?
351. — poires dans **2** demi-douzaines de poires?
352. — prunes dans **1** douzaine et demie?
353. — noix dans **2** quarterons?
354. — d'œufs dans **2** cents et demi ?
355. — jours dans **2** semaines?
356. — jours dans **2** mois?
357. — d'heures dans **2** jours?
358. — de minutes dans **2** heures ?
359. — — — une demi-heure?
360. — — — une heure et demie?
361. — de mois dans **2** ans?
362. — — — **1** an et demi?
363. — d'années dans **2** siècles ?
364. — — — **1** siècle et demi ?

365. Le mètre contient **10** décimètres, **100** centimètres, **1000** millimètres : quelle est, en décimètres, en centimètres, en millimètres, la valeur : 1° du double mètre ; 2° du demi-mètre?

366. Le gramme contient **10** décigrammes, **100** centigrammes, **1000** milligrammes : quelle est, en décigrammes, en centigrammes, en milligrammes, la valeur : 1° du double gramme; 2° du demi-gramme?

367. Le litre contient **10** décilitres, **100** centilitres, **1000** millilitres : quelle est, en décilitres, en centilitres, en millilitres, la valeur : 1° du double litre ; 2° du demi-litre?

368. Le franc vaut **10** décimes, **100** centimes : combien de décimes, puis de centimes: 1° dans **2** francs; 2° dans un demi-franc?

369. Une classe est meublée par **26** tables de chacune **2** places : combien cette classe peut-elle contenir d'élèves?

370. Un bon élève a obtenu **17** bons points dans la matinée, et **26** dans la soirée : combien en possède-t-il à la fin de la journée ?

371. Un père a **36** ans et son fils **11** : combien d'années ont-ils à eux deux?

372. Un régiment a eu **35** hommes tués dans un combat, et **48** faits prisonniers : combien ce régiment compte-t-il d'hommes en moins?

373. A quel prix revenait un vêtement qui n'a été vendu que **85** francs avec une perte de **15** francs?

374. J'avais dans une boîte **34** plumes neuves ; mon père m'en achète **une grosse** : combien ai-je de plumes?

375. Un fermier paye son charron en donnant cinq billets de **100** francs et **497** francs en argent : quelle somme lui devait-il?

376. Un marchand de charbon a fait rentrer dans son magasin, d'abord **113** hectolitres de coke, ensuite **230** : quelle est sa provision?

377. Je paye à un employé **225** francs, à un autre **238** francs : quelle somme ai-je donnée?

378. Quel est le poids total de **820** grammes de savon et de **133** grammes de chocolat?

379. J'ai acheté pour **540** francs de marchandises : quel en sera le prix de vente, si mon bénéfice est de **85** francs?

380. Je gagne **127** francs en vendant des marchandises que j'ai payées **630** francs : quelle somme dois-je recevoir?

381. J'ai prêté **615** francs à une personne ; elle me rend mon argent avec **35** francs d'intérêts : quelle somme dois-je recevoir?

382. J'ai emprunté **890** francs : quelle somme me faut-il pour m'acquitter, si je dois donner **92** francs d'intérêts?

383. Une pièce de vin prise à Bordeaux coûte **195** francs : à combien me revient-elle mise en cave, si les frais s'élèvent à **22** francs?

384. Un meuble a été vendu **312** francs avec une perte de **23** francs : quel était le prix d'achat de ce meuble?

385. Je paye **95** francs pour une fourniture de charbon sur laquelle on m'a fait une remise de **6** francs : quel était le montant de cette fourniture?

386. J'ai acquitté le prix d'une fourniture de drap en donnant **846** francs ; une remise de **82** francs m'avait été faite : quel était le montant de cette fourniture?

387. Un ouvrier a gagné **26** fr. de plus qu'un autre qui avait reçu **233** fr. : combien ont-ils gagné à eux deux?

388. Quelle somme obtient-on en ajoutant la moitié de **120** francs à la moitié de **80** francs ?

389. Deux ouvriers ont fait, l'un **95** mètres d'ouvrage, l'autre **195** mètres : combien ont-ils fait de mètres ensemble ?

390. Quelle somme faut-il pour acquitter une facture de **89** francs et une autre de **91** francs ?

391. Combien les **trois** premiers mois d'une année ordinaire ont-ils de jours ?

392. Combien s'écoule-t-il de **jours** du premier avril au **20** juin inclusivement ?

393. Combien y a-t-il de **jours** du premier juillet au **14** octobre exclusivement ?

394. Le premier octobre, je m'engage à payer cent francs le **25** décembre : combien ai-je de jours pour économiser cette somme ?

395. Un train de plaisir a amené à Paris **532** voyageurs en 3º classe et **125** en 2e : quel est le nombre total des voyageurs transportés par ce train ?

396. Un fût de vin pèse vide **32** kilogrammes ; le vin a un poids de **219** kilogrammes : combien pèse le fût plein ?

397. Un jour de fête, il est descendu à une gare **317** voyageurs venant de Paris, et **138** de la direction opposée : combien l'employé a-t-il reçu de billets de chemin de fer ?

398. Quelle est la contenance d'un réservoir qui n'est plein qu'à moitié, lorsqu'on y a laissé couler **412** litres d'eau ?

399. Un fermier a acheté deux troupeaux de moutons, l'un de **38** moutons pour **585** francs et l'autre de **47** moutons pour **743** francs. Il a vendu le premier troupeau **815** francs et le second **935** francs. Dites : 1º le nombre de moutons; 2º le prix d'achat; 3º le prix de vente.

400. Une propriété a été entourée d'un mur dont les matériaux ont coûté **227** francs et la main-d'œuvre **193** francs : à combien s'élève la dépense totale ?

401. Combien gagne par mois un père de famille dont les dépenses de toute nature s'élèvent à **425** francs, sachant qu'il économise **75** francs ?

402. A combien s'élève le loyer d'une famille, sachant qu'elle paye **925** francs au propriétaire et **227** francs en moyenne pour l'entretien et les impositions ?

CHAPITRE III

SOUSTRACTION DES NOMBRES ENTIERS

Premier cas.

$$5 \qquad - \qquad 3 \quad = \quad 2$$

Un nombre		Un nombre
inférieur à 10	**moins**	*inférieur à* 10.

Je dis :

5 moins 3, 2.

Règle. — *Cette opération se fait de mémoire.*

EXERCICES.

403. De **6** pommes, ôtez **2** pommes.
404. — **9** — — **4** —
405. — **8** — — **3** —
406. — **7** — — **5** —
407. — **5** — — **1** —

PROBLÈMES.

408. Que me reste-t-il d'une pièce de **5** francs après avoir payé **3** francs au boucher et **1** franc au boulanger?

409. Deux enfants ont à se partager **8** oranges ; l'un en prendra la moitié plus **une** : combien l'autre aura-t-il d'oranges ?

410. Une mère de famille avait acheté **9** œufs ; elle en a employé **5** pour une omelette ; son enfant en a mangé **2** à la coque : combien reste-t-il d'œufs à cette mère de famille ?

411. Un enfant a **8** francs dans sa bourse : que lui reste-t-il après avoir payé **1** franc de papeterie, **3** francs de livres et **2** francs de divers objets de dessin ?

412. Dans les **9** premiers nombres, il y a **4** nombres pairs : combien y a-t-il de nombres impairs ? Quels sont-ils ?

413. Un enfant avait **9** billes ; il en perd **6** en jouant et en donne **2** à son frère : combien lui en reste-t-il?

Deuxième cas.

$$50 \quad - \quad 30 \quad = \quad 20$$

Un nombre *exact de dizaines*   **moins**   Un nombre *exact de dizaines.*

Je dis :

5 dizaines moins **3** dizaines, **2** dizaines ou **20**.

Règle. — *On prend la différence des dizaines.*

EXERCICES.

414. De **9** dizaines de billes, ôtez **3** dizaines de billes.
415. — 7   —   5   —
416. — 8   —   4   —
417. — 40 francs, ôtez **20** francs.
418. — 80   —   — 70   —
419. — 90   —   — 50   —
420. — 50   —   — 30   —
421. — 70   —   — 20   —
422. — 60   —   — 10   —
423. — 30   —   — 20   —

PROBLÈMES.

424. Une cité renferme **80** logements ; **20** locataires donnent congé : combien restera-t-il de logements habités ?

425. Un marchand de vins a acheté un fût de cognac de **90** litres : combien restera-t-il de litres de cognac dans le fût après en avoir vendu **50** ?

426. Sur **70** francs qui m'étaient dus, j'ai reçu **40** francs : combien ai-je encore à toucher ?

427. Un marchand de meubles gagne **20** francs en vendant une armoire **90** francs : combien l'avait-il achetée ?

428. Quel bénéfice fait-on en vendant **60** francs un meuble acheté **50** francs ?

429. Un ouvrier employé dans une ferme fait pour **90** fr. de travail ; on lui donne en payement **40** fr. de marchandises et le reste en argent : combien reçoit-il en argent ?

Troisième cas.

12   —   **7** = **5**

Un nombre		Un nombre
compris entre	**moins**	*inférieur à* **10,**
9 *et* **19**		

la différence *ne dépassant pas* **9.**

Je dis :

10 moins **7, 3,** et **2, 5.**

Règle. — *On prend la différence entre le plus petit nombre et* **10,** *et l'on ajoute à cette différence les unités du plus grand nombre.*

EXERCICES.

430. De **11** chaises, ôtez **9** chaises.
431. — **12** — — **8** —
432. — **13** — — **6** —
433. — **14** — — **5** —
434. — **18** planches, ôtez **9** planches.
435. — **16** — — **9** —
436. — **14** — — **9** —
437. — **12** — — **9** —
438. — **17** — — **9** —
439. — **15** — — **9** —
440. — **13** — — **9** —
441. — **17** bouteilles, ôtez **8** bouteilles.
442. — **15** — — **8** —
443. — **13** — — **8** —
444. — **16** — — **8** —
445. — **14** — — **8** —
446. — **11** — — **8** —

447. Donnez les résultats des soustractions suivantes :

10 — 7	10 — 1	18 — 9	11 — 4
11 — 3	10 — 4	15 — 8	16 — 7
10 — 2	17 — 8	13 — 6	14 — 5
12 — 3	11 — 2	17 — 9	13 — 5

PROBLÈMES.

448. Combien s'écoule-t-il de jours du **9** au **15** d'un mois?

449. Combien y a-t-il d'heures entre **3** heures du matin et *midi?*

450. Combien y a-t-il d'heures entre **5** heures du soir et *minuit?*

451. Votre père travaille **12** heures par jour, et vous **6** : combien fait-il journellement d'heures de travail de plus que vous?

452. Combien reste-t-il sur **15** hectolitres de coke, quand on en a brûlé **7**?

453. On décharge **9** sacs d'une voiture qui en contient **17** : combien reste-t-il de sacs dans la voiture?

454. Sur une dette de **15** francs on ne doit plus que **8** francs : quelle somme a-t-on payée?

455. On m'a fait payer **17** francs un pantalon; l'étoffe est estimée **9** francs : quel est le prix de la façon?

456. Une modiste vend **16** francs un chapeau; la main-d'œuvre est évaluée à **9** francs : à combien cette modiste estime-t-elle les fournitures?

457. A combien revient au marchand une **paire** de souliers qu'il vend **11** francs en gagnant **2** francs?

458. Un écolier se lève à **7** heures; il reste en classe de **8** heures à **11** et de **1** heure à **4**; puis il fait ses devoirs et étudie ses leçons de 5 heures à **7** et se couche à **8** heures. On demande 1° le temps pendant lequel cet écolier est resté levé; 2° le nombre des heures qu'il a consacrées au travail; 3° le temps qu'il a eu de libre; 4° la différence entre les heures de travail et les heures de liberté?

459. On a rempli un baril de vin d'Espagne avec une mesure de **10** litres et une de **5** : quelle quantité de vin restera-t-il dans ce baril, lorsqu'on aura tiré **12** bouteilles dont la contenance est de **9** litres?

460. Un enfant veut placer en **2** mois **17** francs à la caisse d'épargne; le premier mois son versement s'élève à **8** francs : quel sera le montant du second versement?

461. Deux coupons de toile ont ensemble **13** mètres; le premier a **8** mètres : quelle est la longueur du deuxième, et de combien est-elle inférieure à celle du premier?

Quatrième cas.

$$54 \quad - \quad 30 \quad = \quad 24$$

Un nombre
formé *de dizaines*   **moins**   Un nombre
et d'unités   *exact de dizaines.*

Je dis :

5 dizaines moins 3 dizaines, **2** dizaines ou **20**, et 4, **24**.

Régle. — *On prend la différence des dizaines et l'on y ajoute les unités.*

EXERCICES.

462. Combien font **57** litres moins **40** litres?
463.   —   **98**   —   **80**   —
464.   —   **37**   —   **10**   —
465.   —   **97**   —   **80**   —
466.   —   **89**   —   **70**   —
467.   —   **63** œufs moins **20** œufs?
468.   —   **72**   —   **30**   —
469.   —   **67**   —   **50**   —
470.   —   **89**   —   **60**   —
471.   —   **37** lignes moins **20** lignes?
472.   —   **96**   —   **10**   —
473.   —   **59**   —   **40**   —
474.   —   **91**   —   **50**   —
475.   —   **77**   —   **40**   —
476.   —   **29** plumes moins **20** plumes?
477.   —   **47**   —   **30**   —
478.   —   **72**   —   **50**   —
479.   —   **39**   —   **10**   —
480.   —   **78**   —   **30**   —

481. Donnez les résultats des soustractions suivantes :

39 — 10	72 — 50	95 — 80	93 — 20
47 — 30	85 — 60	77 — 20	73 — 50
56 — 40	97 — 80	66 — 10	96 — 70
38 — 20	48 — 10	55 — 20	76 — 20

PROBLÈMES.

482. Un menuisier emploie **30** planches sur **87** qu'il avait : combien lui en reste-t-il?

483. Combien y a-t-il de jours du **10** au **29** du même mois?

484. Une ménagère n'a plus que **20** m. de calicot d'une pièce qui en contenait **72** : combien de mètres a-t-elle employés?

485. Il y a **10** élèves absents dans une école de **98** élèves : combien d'enfants sont présents?

486. Pendant une épidémie, il est mort **20** personnes dans un village de **93** habitants : combien reste-t-il d'habitants?

487. On employait **96** ouvriers; on en a renvoyé **40** : à combien le nombre d'ouvriers est-il réduit?

488. Un tapissier a reçu **50** francs sur un travail estimé **87** francs : quelle somme lui redoit-on?

489. La largeur d'un champ est de **20** mètres, et sa longueur, de **76** mètres : de combien de mètres la plus grande dimension surpasse-t-elle la plus petite?

490. Un vigneron a vendu **50** hectolitres de vin; il en avait récolté **74** : combien d'hectolitres a-t-il gardés?

491. Un facteur rural doit faire une tournée de **32** kilomètres; il a déjà parcouru **20** kilomètres : quel chemin lui reste-t-il à faire?

492. Un mercier avait acheté **93** mètres de calicot; il en a vendu **50** mètres : combien lui en reste-t-il ?

493. Un épicier achète le 1ᵉʳ avril **95** kilogrammes de sucre; à la fin du mois il lui en reste **20** : combien a-t-il vendu de kilogrammes?

494. Un épicier a retiré **93** francs de la vente d'une caisse de savon; son bénéfice est de **10** francs : combien avait-il payé cette caisse?

495. Un voiturier doit livrer **69** planches de chêne à 2 menuisiers; il en remet **40** à l'un : combien l'autre en aura-t-il?

496. Jean a dépensé **85** fr. pour habiller ses deux enfants; le vêtement de l'un vaut **30** fr. : que vaut celui de l'autre?

497. Une famille a fait opérer son déménagement par deux voituriers moyennant une somme de **98** francs. Elle a donné **60** francs à l'un : combien l'autre a-t-il reçu?

Cinquième cas.

$$\text{A} \quad 40 \quad - \quad 37 \quad = \quad 3$$
$$\text{B} \quad 90 \quad - \quad 37 \quad = \quad 53$$

Un nombre *exact de dizaines* **moins** Un nombre composé *de dizaines et d'unités.*

A. Je dis :

10 moins 7, **3**.

B. Je dis :

40 moins 37, **3** ;
90 moins **40**, **50**, et 3, **53**

1ʳᵉ Règle. — *Si les dizaines ne diffèrent que de* **un**, *le résultat est la différence entre les unités et* **10**.

2ᵉ Règle. — *Si les dizaines diffèrent de plus de* **un**, *on prend le nombre de dizaines immédiatement supérieur au plus petit nombre, et on fait la somme des différences entre ce nombre de dizaines et les deux nombres donnés.*

EXERCICES.

498. Combien font **50** cuillères moins **43** cuillères?

499.	—	**60**	—	**57**	—
500.	—	**70**	—	**64**	—
501.	—	**80**	—	**72**	—
502.	—	**90**	—	**85**	—
503.	—	**40**	—	**16**	—
504.	—	**30**	—	**11**	—
505.	—	**50**	—	**24**	—
506.	—	**80**	—	**36**	—

507. Donnez les résultats des soustractions suivantes :

30 — 21	80 — 22	30 — 11	70 — 13
40 — 32	90 — 34	90 — 27	30 — 19
50 — 43	70 — 46	50 — 19	90 — 17
60 — 54	50 — 28	40 — 14	50 — 31
70 — 62	40 — 12	80 — 17	60 — 29

PROBLÈMES.

508. Un libraire a acheté **60** volumes : combien lui en reste-t-il après en avoir vendu **52**?

509. Un ouvrier a entrepris un travail qui doit durer **40** jours ; il y a déjà travaillé **34** jours : dans combien de jours aura-t-il achevé l'ouvrage?

510. Un industriel a embauché **80** ouvrières ; **73** sont actuellement à leur ouvrage : combien y a-t-il d'ouvrières absentes?

511. D'une pièce de drap de **50** mètres un tailleur a coupé **46** mètres : quelle est la longueur du reste ?

512. Un cultivateur qui a récolté **90** sacs de pommes de terre veut en garder **27** pour les besoins de sa maison : combien ce cultivateur pourra-t-il vendre de sacs de pommes de terre ?

513. Un tas de fagots contient **70** fagots : combien restera-t-il de fagots à la fin de l'hiver, si l'on en brûle **49**?

514. Un enfant avait **80** billes ; il en a perdu **38** en jouant : combien en possède-t-il encore ?

515. Un homme a entrepris un voyage avec **90** francs ; il rentre chez lui avec **13** francs : quelle somme a-t-il dépensée?

516. Une ménagère avait **50** francs pour sa semaine ; elle n'a dépensé que **39** francs : quelle est son économie ?

517. Sur un meuble acheté **60** francs, j'ai payé **48** francs : quelle somme redois-je ?

518. Un homme meurt à l'âge de **90** ans laissant trois fils qui ont le premier **52** ans, le deuxième **49** ans et le troisième **44** ans : combien chacun de ces enfants devrait-il encore vivre d'années pour atteindre l'âge du père?

519. Un parquet est formé de **70** lames de chêne, dont **28** doivent être remplacées : combien y a-t-il de lames de parquet en bon état?

520. Sur une dette de **80** francs on donne un acompte de **41** francs : quelle somme doit-on encore?

521. Une somme de **60** francs est formée par des pièces d'or et des pièces d'argent ; il y a **35** francs en argent : quelle est la valeur des pièces d'or?

522. De combien faut-il allonger une corde de **43** mètres pour lui donner une longueur de **70** mètres?

Sixième cas.

$$\text{A} \quad 37 \quad - \quad 32 \quad = \quad 5$$
$$\text{B} \quad 63 \quad - \quad 57 \quad = \quad 6$$

Un nombre composé *de dizaines et d'unités* **moins** Un nombre composé *de dizaines et d'unités,*

la différence *ne dépassant pas* **9**.

A. Je dis :

7 moins **2**, **5**.

B. Je dis :

3 et **10** font **13**, moins **7**, **6**.

1ʳᵉ Règle. --- *Si les dizaines sont les mêmes, on prend la différence des unités.*

2ᵉ Règle. — *Si les dizaines diffèrent de* **un**, *on retranche les unités du petit nombre de celles de l'autre augmentées de* **10**.

EXERCICES.

523. Combien font **38** plumes moins **31** plumes ?
524.   —   **47**   —   **41**   —
525.   —   **56**   —   **49**   —
526.   —   **63**   —   **54**   —
527.   —   **77** noix moins **72** noix ?
528.   —   **73**   —   **68**   —
529.   —   **82**   —   **75**   —
530.   —   **93**   —   **87**   —
531.   —   **68**   —   **62**   —
532.   —   **65**   —   **58**   —

533. Donnez les résultats des soustractions suivantes :

89 — 81	27 — 19	92 — 85	28 — 19
76 — 72	36 — 27	86 — 78	35 — 28
65 — 61	42 — 33	73 — 67	47 — 39
49 — 43	55 — 48	62 — 54	52 — 46
37 — 34	64 — 57	54 — 49	64 — 55

PROBLÈMES.

534. Un marchand ambulant est parti le matin avec **25** parapluies; à midi, il lui en reste **18** : combien a-t-il vendu de parapluies?

535. Vous achetez **95** francs une montre que le bijoutier avait payée **88** francs : quel est le bénéfice de ce bijoutier?

536. Un boulanger a cuit **85** pains de 2 kilogrammes. Il livre **78** de ces pains à ses clients : combien en a-t-il pour les étrangers ou les passants?

537. J'ai payé **42** francs un paletot et **33** francs un pantalon : quelle différence y a-t-il entre le prix de ces deux vêtements?

538. Une fermière porte au marché **96** œufs; elle en vend **87** : combien d'œufs rapportera-t-elle?

539. Un père gagne **42** fr. dans une semaine et son fils **35** fr. : combien ce dernier reçoit-il de moins que son père?

540. L'aîné des enfants d'une famille gagne **75** francs par mois : combien reçoit-il de plus que son frère cadet qui ne gagne que **68** francs?

541. Un jeune homme dépense par mois **64** francs pour sa nourriture, et **22** francs pour son entretien : que lui reste-t-il, s'il a un traitement mensuel de **95** francs?

542. Une caisse contenait **48** pommes; on en a mangé **39** : combien reste-t-il de pommes dans la caisse?

543. Une bonne a dépensé **57** francs sur une somme de **65** francs qui lui avait été remise au commencement de la semaine : combien lui reste-t-il?

544. Un jardin a **27** mètres de longueur et **19** mètres de largeur : de combien diffèrent ces deux dimensions?

545. Un jeune homme paye dans un restaurant **92** francs de pension par mois; il accepte les propositions d'une famille qui le nourrira moyennant **83** francs : quelle économie fera-t-il?

546. Combien d'années a passées au collège un enfant qui y est entré à **13** ans, et en est sorti à **21** ans?

547. Une domestique dont les gages sont de **35** francs, envoie chaque mois **26** francs à ses parents infirmes : combien lui reste-t-il pour son entretien?

548. Une robe d'enfant revient à **27** fr.; quel est le prix de la façon, si l'étoffe et les fournitures ont été payées **19** fr.?

Septième cas.

$$82 \quad - \quad 48 \quad = \quad 34$$

Un nombre *inférieur à* **100**   **moins**   Un nombre *inférieur à* **100**,

la différence *étant supérieure à* **9**.

Je dis :

50 moins 48, **2**;
82 moins 50, **32**, et 2, **34**.

Règle. — *On prend le nombre de dizaines immédiatement supérieur au plus petit nombre, et on fait la somme des différences entre ce nombre de dizaines et les deux nombres donnés.*

Remarques. — I. *Le petit nombre n'a que des unités, et elles sont inférieures à celles du grand nombre.*

36 — 4.

Je dis :

6 moins 4, **2**, et 30, **32**.

II. *Les unités des deux nombres sont les mêmes.*

56 — 26.

Je dis :

50 — 20, **30**.

III. *Les dizaines et les unités du petit nombre sont respectivement moindres que les dizaines et les unités du grand nombre.*

75 — 24.

Je dis :

5 moins 4, **1**.
70 moins 20, **50**, et **1**, **51**.

Nota. — Les exemples donnés dans les remarques précédentes indiquent suffisamment la marche à suivre : le résultat peut s'obtenir ainsi plus facilement que par la règle générale.

EXERCICES.

549. Combien font **48** planches moins **6** planches ?
550.   —   **57**   —   **3** —
551.   —   **19**   —   **6** —
552.   —   **17**   —   **4** —
553.   —   **66**   —   **2** —
554.   —   **45** arbres moins **25** arbres ?
555.   —   **56**   —   **26** —
556.   —   **18**   —   **8** —
557.   —   **31**   —   **11** —
558.   —   **46**   —   **16** —
559.   —   **67** bûches moins **25** bûches ?
560.   —   **59**   —   **17** —
561.   —   **43**   —   **12** —
562.   —   **72**   —   **31** —
563.   —   **85**   —   **43** —
564.   —   **72** fagots moins **44** fagots ?
565.   —   **93**   —   **65** —
566.   —   **86**   —   **38** —
567.   —   **32**   —   **13** —
568.   —   **57** margotins moins **23** margotins ?
569.   —   **97**   —   **38** —
570.   —   **59**   —   **21** —
571.   —   **93**   —   **17** —
572.   —   **72**   —   **28** —
573.   —   **48** branches moins **28** branches ?
574.   —   **37**   —   **17** —
575.   —   **75**   —   **46** —
576.   —   **82**   —   **57** —
577.   —   **99**   —   **44** —
578.   —   **86**   —   **38** —
579.   —   **75**   —   **19** —

580. Donnez les résultats des soustractions suivantes :

89 — 34	99 — 47	72 — 38	68 — 27
37 — 25	77 — 38	81 — 46	46 — 12
56 — 19	88 — 59	36 — 17	35 — 15
62 — 47	66 — 24	29 — 15	81 — 39
96 — 18	55 — 38	44 — 25	69 — 17

PROBLÈMES.

581. Un petit village comptait **95** maisons; un incendie en a détruit **14**: combien en reste-t-il?

582. Une avenue est plantée de **86** arbres : combien en aura-t-elle si l'on en coupe **45**?

583. Sur **82** francs, on dépense **49** francs : que reste-t-il?

584. Gustave place **55** francs à la caisse d'épargne; il a pris cette somme dans sa tirelire qui contenait **89** francs : que reste-t-il dans cette tirelire?

585. Deux classes contiennent **89** élèves; l'une compte **47** enfants : combien y en a-t-il dans l'autre?

586. Deux frères achètent **76** moutons; l'un en prend **28** : combien l'autre en aura-t-il?

587. Quel est le prix d'achat d'une chaîne en or vendue **77** francs avec **15** francs de bénéfice?

588. Quel est le prix de vente d'une montre sur laquelle on perd **23** francs et qui a été achetée **78** francs?

589. On avait fourni à une classe **63** livres de lecture; il y en a maintenant **14** hors d'usage : de combien de livres de lecture le maître dispose-t-il encore?

590. Sur **81** livres, on n'en trouve que **63** en bon état: combien de livres sont hors d'usage?

591. Une classe reçoit **57** élèves répartis en 2 divisions; la première division comprend **19** élèves : combien la deuxième division compte-t-elle d'enfants, et combien en a-t-elle de plus que l'autre?

592. Deux voitures sont employées au transport de **75** hectolitres de coke. On en a mis **29** sur la première : quelle est la charge de la seconde voiture et combien transporte-t-elle d'hectolitres de plus que la première?

593. Une carrière a **39** mètres de longueur, **27** mètres de largeur et **12** mètres de hauteur : calculez la différence entre : 1° la longueur et la largeur; 2° entre la longueur et la hauteur; 3° entre la largeur et la hauteur.

594. Une personne possède **98** francs, dont **65** francs en or; le reste est en argent : quel est ce reste?

595. Dans une collection de **78** tableaux, il y en a **59** d'artistes français : quel est le nombre des tableaux faits par des artistes de nationalité étrangère?

Huitième cas.

$$700 \qquad - \qquad 400 = 300$$

Un nombre	moins	Un nombre
exact de centaines		*exact de centaines.*

Je dis :

7 centaines moins 4 centaines, **3** centaines ou **300**.

Règle. — *On prend la différence des centaines.*

EXERCICES.

596. Combien font **6** centaines d'œufs moins **4** centaines d'œufs ?

597. Combien font **9** centaines d'œufs moins **5** centaines d'œufs ?

598. Combien font **8** centaines d'œufs moins **3** centaines d'œufs ?

599. Combien font **500** œufs moins **200** œufs ?

600.	—	800	—	600	—
601.	—	700	—	500	—
602.	—	200	—	100	—
603.	—	400	—	200	—
604.	—	900	—	300	—
605.	—	600	—	500	—

PROBLÈMES.

606. Un père de famille a gagné **200** francs le mois dernier ; sa femme et ses enfants ayant été malades, il a dû dépenser **400** francs : quel est le montant de sa dette ?

607. J'ai acheté un cheval et une voiture pour **800** francs ; la voiture seule coûte **300** francs : quel est le prix du cheval ?

608. Combien s'est-il écoulé d'années de l'an **200** à l'an **800** ?

609. Combien y a-t-il de siècles de l'an **300** à l'an **900** ?

610. Une bibliothèque contenant **700** volumes n'en a que **100** de brochés ; les autres sont reliés : dites le nombre de ces derniers.

Neuvième cas.

519 — 200 = 319

| Un nombre compris *entre* **100** *et* **1000** | **moins** | Un nombre *exact de centaines.* |

Je dis :

500 moins **200**, **300**, et 19, **319**.

Règle. — *On prend la différence des centaines, et l'on y ajoute les dizaines et unités.*

EXERCICES.

611. De **329** boutcilles, ôtez **200** bouteilles.
612. — **215**   —   — **100**   —
613. — **687**   —   — **400**   —
614. — **839**   —   — **700**   —
615. — **915**   —   — **800**   —
616. — **732**   —   — **600**   —
617. — **997**   —   — **900**   —
618. — **418**   —   — **300**   —
619. — **845**   —   — **500**   —
620. — **920**   —   — **700**   —
621. — **918**   —   — **900**   —
622. — **784**   —   — **600**   —
623. — **913**   —   — **800**   —
624. — **742**   —   — **500**   —
625. — **619**   —   — **400**   —
626. — **427** soldats,   — **300** soldats.
627. — **319**   —   — **200**   —
628. — **763**   —   — **300**   —
629. — **842**   —   — **600**   —
630. — **545**   —   — **200**   —
631. — **317**   —   — **100**   —
632. — **983**   —   — **500**   —
633. — **777**   —   — **400**   —
634. — **876**   —   — **300**   —

PROBLÈMES.

635. Sur **898** kilogrammes de viande, un boucher a vendu **500** kilogrammes : quel poids de viande lui reste-t-il?

636. Un libraire vend **300** volumes sur **550** qu'il avait achetés : combien a-t-il encore de volumes?

637. Combien reste-t-il de litres de cidre dans un tonneau de **412** litres, après qu'on en a tiré **200** litres?

638. Un fermier a battu **400** gerbes de blé de sa récolte qui se composait de **948** gerbes : combien de gerbes a-t-il encore?

639. Un marchand de bestiaux amène à Paris **548** moutons; il en vend **500** : combien en garde-t-il?

640. Un domestique a économisé **200** francs sur son gain annuel de **685** francs : quelle somme a-t-il dépensée?

641. Une société se compose de **732** personnes dont **300** femmes : quel est le nombre des hommes?

642. Un réservoir contient **945** litres d'eau; on en tire **300** : combien de litres reste-t-il?

643. Une fabrique occupe **683** ouvriers, hommes et femmes; les femmes sont au nombre de **400** : combien y a-t-il d'hommes?

644. La somme de deux nombres est **887**; l'un de ces nombres est **500** : quel est l'autre?

645. Une personne verse **400** francs sur le prix d'un pré acheté **977** francs, frais compris : quelle somme redoit-elle?

646. Deux frères se partagent une propriété de **324** ares; l'aîné doit avoir **200** ares : quelle est la part du cadet?

647. Un carrier avait **717** mètres cubes de pierre à plâtre; il en a livré **400** : combien lui en reste-t-il?

648. Le mélange de deux qualités de vin a produit **845** litres; on a employé **500** litres de la première qualité : combien en a-t-on pris de la deuxième?

649. Avec **715** kilogrammes de lin en tiges on obtient **100** kilogrammes de lin peigné : quel est le déchet?

650. Deux robinets ont rempli un réservoir de **767** litres; le premier a donné **400** litres : quelle est la quantité d'eau fournie par le second?

651. Un bassin a une capacité de **565** mètres cubes; il doit être rempli par deux sources dont l'une fournira **300** mètres cubes : quel sera le volume d'eau fourni par l'autre source?

Dixième cas.

A 824 — 57 = 767
B 543 — 268 = 275

Un nombre composé de centaines, diz. et unités **moins** Un nombre inférieur à 1 000.

A. Je dis :

100 moins 57, **43** ;
824 moins 100, **724**, et 43, **767**.

B. Je dis :

300 moins 268, **32** ;
543 moins 300, **243**, et 32, **275**.

Règle. — *On prend le nombre de centaines immédiatement supérieur au petit nombre, et on fait la somme des différences entre ce nombre de centaines et les deux nombres donnés.*

Remarques. I. *Le petit nombre n'a que des unités.*

358 — 5.

Je dis :

8 moins 5, **3**, et 350, **353**.
254 — 9.

Je dis :

54 moins 9, **45**, et 200, **245**.

II. *Le petit nombre n'a que des dizaines et des unités, et il est inférieur à celui que forment les dizaines et les unités du grand nombre.*

874 — 26.

Je dis :

74 — 26, **48**, et 800, **848**.

III. *Les deux nombres ne diffèrent que par les centaines.*

$$864 - 564.$$

Je dis :

$$800 - 500, \mathbf{300}.$$

IV. *Les centaines des deux nombres sont les mêmes.*

$$147 - 115.$$

Je dis :

$$47 - 15, \mathbf{32}.$$

V. *Le petit nombre a des centaines ; ses dizaines et unités donnent un nombre plus petit que celui que forment les dizaines et unités du grand nombre.*

$$847 - 235.$$

Je dis :

47 moins 35, **12** ;

800 moins 200, **600**, et 12, **612**.

NOTA. — L'emploi de ces moyens particuliers permet d'arriver au résultat plus facilement que par la règle générale.

EXERCICES.

652. De **147** poires, ôtez **5** poires.

653. — **217**   —   — **2** —.

654. — **436**   —   — **7** —

655. — **580**   —   — **6** —

656. — **327**   —   — **8** —

657. — **436** figues,   —   **24** figues.

658. — **768**   —   — **40** —

659. — **831**   —   — **60** —

660. — **913**   —   — **49** —

661. — **547**   —   — **58** —

662. — **654** raisins,   —   **631** raisins.

663. — **693**   —   — **650** —

664. — **481**   —   — **438** —

665. — **919**   —   — **719** —

666. — **788**   —   — **322** —

667. De **583** noix, ôtez **483** noix.
668. — **824** — — **224** —
669. — **535** — — **120** —
670. — **673** — — **340** —
671. — **840** — — **246** —
672. — **495** — — **380** —
673. — **625** pêches, — **442** pêches.
674. — **718** — — **526** —
675. — **936** — — **748** —
676. — **900** — — **839** —
677. — **810** abricots, — **643** abricots.
678. — **703** — — **219** —
679. — **528** — — **452** —
680. — **911** — — **728** —
681. — **707** — — **613** —
682. — **936** amandes, — **882** amandes.
683. — **425** — — **7** —
684. — **817** — — **14** —
685. — **526** — — **38** —
686. — **483** — — **283** —
687. — **617** oranges, — **408** oranges.
688. — **200** — — **150** —
689. — **329** — — **112** —
690. — **666** — — **563** —
691. — **831** — — **749** —
692. — **923** — — **644** —
693. — **852** — — **391** —

694. Donnez les résultats des soustractions suivantes :

419 — 107	428 — 124	629 — 92	835 — 224
435 — 223	515 — 207	745 — 38	419 — 207
528 — 419	347 — 138	361 — 161	305 — 290
609 — 503	432 — 215	438 — 238	437 — 130
435 — 217	528 — 318	917 — 504	519 — 220

695. Donnez les résultats des soustractions suivantes :

347 — 256	528 — 247	891 — 37	977 — 246
519 — 315	619 — 304	327 — 47	748 — 529
625 — 429	437 — 246	419 — 128	629 — 492
409 — 104	912 — 731	786 — 197	845 — 587
317 — 207	845 — 224	368 — 235	939 — 618

PROBLÈMES.

696. Deux porte-bouteilles peuvent contenir, l'un **150** bouteilles et l'autre **300** : combien le plus grand en contient-il de plus que l'autre ?

697. Mon porte-bouteilles a **300** cases ; **18** sont vides ; chaque case peut être occupée par une bouteille : combien y a-t-il de bouteilles ?

698. J'ai placé dans un porte-bouteilles **150** litres ; j'en ai consommé **112** : quelle provision me reste-t-il ?

699. Un épicier avait fait une provision de **145** kilogrammes de sucre ; il en a vendu **68** kilogr. : combien lui en reste-t-il ?

700. Sur une provision de **132** paquets de bougies, un épicier en a livré **75** : que lui reste-t-il ?

701. On a livré à un épicier **85** paquets d'allumettes sur une commande de **200** paquets : que reste-t-il à lui livrer ?

702. Un marchand vend pour **504** francs de drap ; il reçoit un acompte de **195** francs : que lui redoit-on ?

703. Un marchand commande **500** mètres de toile ; on lui expédie d'abord **275** mètres : quelle quantité de mètres doit-il encore recevoir ?

704. On tire **197** litres de vin d'un fût de **250** litres : que reste-t-il dans le fût ?

705. Pour avoir réparé une maison, un peintre et un maçon demandent **890** francs ; le mémoire du maçon est de **347** francs : quel est le montant du mémoire du peintre ?

706. Une maison est louée **860** francs ; le locataire donne un acompte de **490** francs : que redoit-il ?

707. Une ferme est louée **950** francs ; le locataire redoit **359** francs : combien a-t-il déjà payé ?

708. Deux bergers ont conduit dans un pâturage **895** moutons ; l'un en avait **618** : de combien de moutons se composait le troupeau du second ?

709. Deux frères font à leurs parents âgés une rente annuelle de **875** francs ; l'aîné, plus riche que le cadet, donne pour sa part **550** francs : que donne le second ?

710. Deux tas de pavés contiennent **713** pavés ; il y en a **475** dans l'un : combien l'autre en contient-il ?

711. Sur un bataillon de **974** hommes, **117** sont en congé provisoire : combien y a-t-il de soldats présents au corps ?

712. Un employé reçoit à la fin du mois **165** francs : que lui restera-t-il après avoir payé sa pension de **95** francs ?

713. Un cultivateur achète un champ pour **789** francs, frais compris ; il paye son acquisition avec le produit de la vente de ses moutons, et reçoit encore **95** francs : quel est le prix des moutons ?

714. Pour payer une facture, je donne un billet de **500** francs sur lequel on me rend **37** francs : quel était le montant de la facture ?

715. Un voyageur part de Paris pour Lyon et a **512** kilomètres à faire. Il s'arrête à **306** kilomètres de Paris : à quelle distance est-il de Lyon ?

PROBLÈMES DE RÉCAPITULATION SUR LA SOUSTRACTION

716. Quelle est la différence entre le nombre **642** et *cinq centaines ?*

717. Du nombre **846** on enlève les *centaines :* combien reste-t-il ?

718. Au nombre **729** on enlève les *centaines* et les *dizaines :* quel est le reste ?

719. J'ai besoin de **100** francs et je n'ai que **64** francs : combien me manque-t-il ?

720. Si j'avais **12** francs de plus, j'aurais **60** francs : combien ai-je d'argent ?

721. Quelle est la différence entre les plus grands nombres formés l'un d'unités simples, l'autre de dizaines et d'unités ?

722. Quelle est la différence entre le plus petit nombre de centaines, et le plus grand nombre formé de centaines, de dizaines et d'unités ?

723. On a pris **50** pommes dans une provision de *deux centaines et demie de pommes :* combien en reste-t-il ?

724. Combien reste-t-il de poires bonnes à manger dans un panier contenant **72** poires, si l'on en retire une *douzaine et demie* de gâtées ?

725. Un père avait **28** ans à la naissance de son fils ; il a aujourd'hui **87** ans : quel est l'âge de son fils ?

726. Quel est le nombre qui, ajouté à **500**, donne **648** ?

727. Le prix d'une demi-pièce de vin est de **12** francs inférieur à **100** francs : quel est ce prix ?

728. Trouvez un nombre qui, ajouté à **600**, donne **812** ?

729. Quel est le nombre des noix contenues dans un panier, sachant qu'avec *un quarteron* de plus il y en aurait *cent* ?

730. Je devais **88** francs de contributions : quelle somme ai-je versée, si je ne dois plus que **39** francs ?

731. Un marchand achète un lot de marchandises et paye **95** francs, y compris les frais qui s'élèvent à **11** francs : à quelle somme les marchandises lui ont-elles été adjugées ?

732. Un boucher achète un bœuf **600** francs ; en le vendant en détail, il en tire une somme de **793** francs : quel est son bénéfice ?

733. Un marchand de bois vend **947** francs une provision de bois qu'il avait payée **700** francs : quel est son bénéfice ?

734. Un charbonnier tire **789** francs d'un wagon de houille ; le bénéfice réalisé est de **200** francs : quel était le prix d'achat ?

735. Une école compte **542** élèves dont **295** font partie du cours supérieur et du cours moyen : combien d'élèves dans le cours élémentaire ?

736. Quelle somme reçoit mensuellement un employé dont le traitement est de **400** francs par mois, si on lui fait une retenue de **20** francs pour la caisse des retraites ?

737. A combien s'élève la dépense mensuelle d'une famille qui, sur un gain de **387** francs, économise **125** francs ?

738. Pour avoir un piano neuf du prix de **850** francs, je donne un vieux piano et **720** francs d'argent : à combien a-t-on estimé le vieux piano ?

739. Le grand nombre d'une soustraction est **937** ; le résultat de l'opération est **217** : quel est le petit nombre ?

740. Un enfant compte la recette faite dans la journée par la maison de commerce de son père et trouve qu'elle est de **98** francs de moins que la moitié de **800** francs : quelle est cette recette ?

741. Combien reste-t-il d'hectolitres d'avoine à un fermier dont la récolte a été de **437** hectolitres, et qui en a vendu **235** ?

742. Deux petits marchands s'associent ; l'un apporte **815** francs, l'autre **685** francs : combien ce dernier doit-il fournir encore pour que sa mise égale celle du premier ?

743. Un boucher achète un bœuf du poids de **675** kilogrammes et une vache pesant **195** kilogrammes de moins : quel est le poids de la vache ?

744. Dans *une année*, un ouvrier ne s'est reposé que **65** jours : combien a-t-il fait de journées de travail ?

745. Pour sa nourriture et son loyer, une famille a dépensé **687** francs pendant le dernier trimestre ; le prix du loyer a été de **135** francs : à combien se sont élevés les frais de nourriture ?

746. Pour le chauffage au moyen d'une cheminée, un petit ménage a dépensé, du 1er novembre au 31 mars, **15** francs le premier mois, **22** francs le deuxième, **23** francs le troisième, **18** francs le quatrième et **16** francs le cinquième. Un ménage voisin a obtenu la même température avec un poêle, et a dépensé pour les mêmes mois, **9** francs, **12** francs, **13** francs, **8** francs et **9** francs. Quelle est l'économie obtenue par ce dernier mode de chauffage, si l'on estime qu'après l'hiver le poêle vaut **10** francs de moins?

747. Une femme économe veut savoir si elle aurait avantage à acheter une robe toute faite ou à s'adresser à la couturière. Elle trouve à **75** francs une robe de son goût, et, pour en confectionner une semblable, la couturière estime qu'il lui faut **46** francs d'étoffe, **13** francs de fournitures diverses et **22** francs de façon. Y a-t-il économie à acheter la robe toute faite, et quelle sera cette économie ?

748. D'après l'avant-dernier recensement, la population d'une commune comptait **137** hommes, **143** femmes, **73** garçons et **77** filles ; le dernier recensement a donné un total de **453** habitants : de combien la population de cette commune a-t-elle augmenté ou diminué?

749. Deux enfants se mettent au jeu avec **40** billes chacun. L'un d'eux perd **27** billes que l'autre gagne : dites le nombre des billes que possède alors chaque enfant.

750. Deux frères avaient chacun **750** francs d'économie. Dans le courant de l'année, l'avoir de l'aîné s'est augmenté de **875** francs, tandis que le cadet, victime de la maladie et du chômage, a dû prendre sur ses épargnes une somme de **292** francs. Combien possèdent-ils chacun à la fin de l'année, et combien l'aîné a-t-il de plus que le cadet?

NOMBRES DÉCIMAUX
ET SYSTÈME MÉTRIQUE

CHAPITRE IV

NUMÉRATION

751. Comment fait-on pour avoir le *dixième d'une* galette ? (fig. 1) — d'*une* pomme? — d'*un* bâton?

752. Combien y a-t-il de *dixièmes* dans *une* pomme? — dans *un* bâton? — dans *une* unité ?

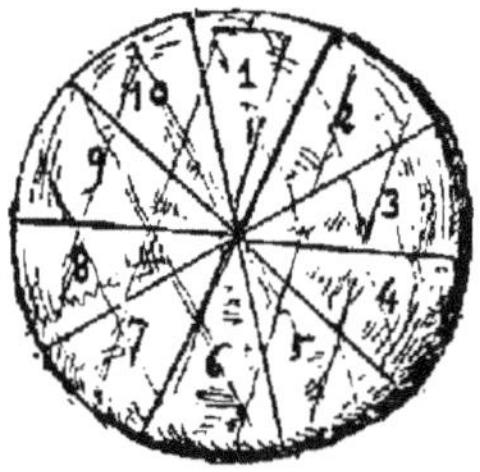

753. Combien de *dixièmes* de litre dans *un* litre ?

754. Combien de *dixièmes* d'unité dans *une* unité ?

755. Combien de *dixièmes* d'unité dans *deux* unités? — dans *quatre* unités ?

756. Combien de *dixièmes* d'unité dans *une* dizaine d'unités ?

757. Combien l'unité vaut-elle de *dixièmes* d'unité?

758. Combien la *dizaine* d'unités vaut-elle de *dixièmes* d'unité?

Fig. 1. — Galette coupée en dix morceaux égaux.—Chaque morceau est un *dixième* de la galette.

759. Combien la *centaine* d'unités vaut-elle de *dixièmes* d'unité ?

760. Comment fait-on pour avoir le *centième* d'un bâton? — d'*un* mètre?

761. Combien y a-t-il de *centièmes* dans *un* bâton? — dans *un* mètre?

762. Combien de *centièmes* dans *une* unité ?

763. Combien de *centièmes* d'unité dans *deux* unités? — dans *quatre* unités ?

764. Combien le *dixième* de mètre (fig. 2) vaut-il de *centièmes* de mètre ?

765. Combien de *centièmes* de mètre dans un dixième de mètre ?

766. Combien de *centièmes* de mètre dans **2** dixièmes de mètre ? — dans **3** dixièmes de mètre?

767. Combien de *centièmes* d'unité dans **1** dixième ?
— dans **2** dixièmes d'unité ?

768. Combien de *centièmes* d'unité dans *une* dizaine d'unités ?

769. Combien le *dixième* d'unité vaut-il de *centièmes* d'unité ?

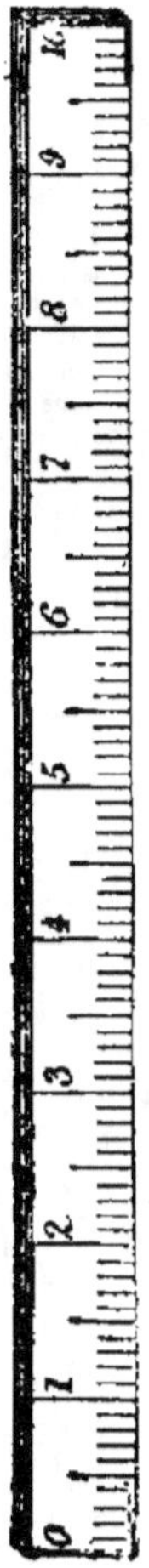

770. Combien l'*unité* vaut-elle de *centièmes* d'unité ?

771. Combien la *dizaine* d'unités vaut-elle de *centièmes* d'unité ?

772. Comment fait-on pour avoir le *millième* d'*un* mètre ?

773. Combien de *millièmes* de mètre dans *un* mètre ?

774. Combien de *millièmes* d'unité dans *une* unité ?

775. Combien de *millièmes* d'unité dans **2** unités ? — dans **3** unités ?

776. Combien de *millièmes* de mètre dans un dixième de mètre ?

777. Combien de *millièmes* de mètre dans *un* centième de mètre ?

778. Combien l'*unité* vaut-elle de *millièmes* d'unité ?

779. Combien le *centième* d'unité vaut-il de *millièmes* d'unité ?

780. Combien le *dixième* d'unité vaut-il de *millièmes* d'unité ?

781. Y a-t-il plus de *dixièmes* dans *une* grosse pomme que dans *une* petite ?

782. Le *dixième* d'*une* grosse pomme est-il égal au *dixième* d'*une* petite ?

783. Comptez par *dixièmes*, à partir de un dixième, jusqu'à ce que vous arriviez à *une* unité, à *deux* unités.

784. Comptez par *centièmes*, à partir de un centième, jusqu'à ce que vous arriviez à *un* dixième, à *deux* dixièmes, à *trois* dixièmes, ... à *une* unité.

785. Combien faut-il de pommes pour faire *dix dixièmes* de pomme ? — *vingt dixièmes ?* — *quarante dixièmes ?* — *soixante dixièmes* de pomme ?

Fig. 2. — Le décimètre vaut *dix* centimètres, *cent* millimètres.

786. Le mètre (fig.3) vaut dix décimètres, cent centimètres, mille millimètres. Y a-t-il une différence :
Entre *un décimètre* et *un dixième* de mètre?
Entre *un centimètre* et *un centième* de mètre?
Entre *un millimètre* et *un millième* de mètre?
787. Combien de *millièmes* de mètre dans *un* millimètre?

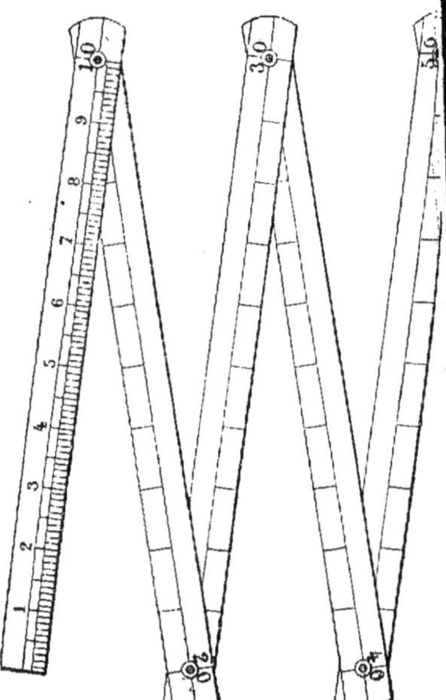

Fig. 3. — Mètre pliant (grandeur réelle).

— dans *un* centimètre? — dans *un* décimètre? — dans *un* mètre?
788. Combien de *centièmes* de mètre dans *un* centimètre? — dans *un* décimètre? — dans *un* mètre?
789. Combien de *dixièmes* de mètre dans *un* décimètre? — dans *un* mètre?

Le mètre vaut *dix* décimètres, *cent* centimètres, *mille* millimètres.

730. Le litre (fig. 4) vaut **10** décilitres, **100** centilitres, **1000** millilitres. Y a-t-il une différence :

Fig. 4. — Le litre (grandeur réelle).

Entre *un décilitre* (fig. 7) et *un dixième* de litre?

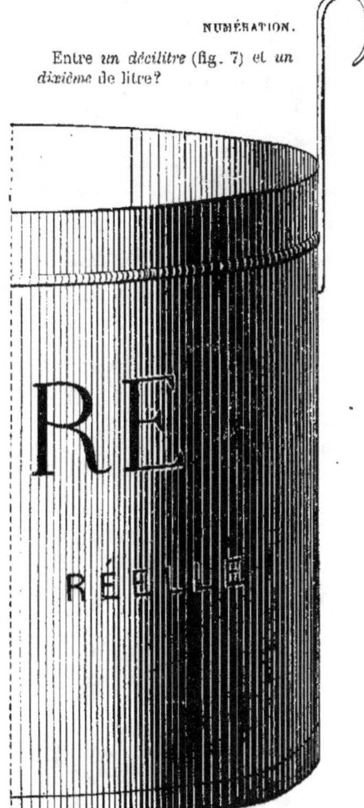

Le litre vaut *dix* décilitres, *cent* centilitres.

3.

Entre *un centilitre* (fig. 8) et *un centième* de litre ?

Entre *un millilitre* et *un millième* de litre ?

791. Combien de *millièmes* de litre dans *un* millilitre ? — dans *un* centilitre ? — dans *un* décilitre ? — dans *un* litre ?

792. Combien de *centièmes* de litre dans *un* centilitre ? — dans *un* décilitre ? — dans *un* litre ?

793. Combien de *dixièmes* de litre dans *un* décilitre ? — dans *un* litre ?

794. Le gramme (fig. 5) vaut **10** décigrammes, **100** centigrammes, **1000** milligrammes. Y a-t-il une différence :

Fig. 5.
Le gramme.

Entre *un décigramme* et *un dixième* de gramme ?

Entre *un centigramme* et *un centième* de gramme ?

Entre *un milligramme* et *un millième* de gramme ?

795. Combien de *millièmes* de gramme dans *un* milligramme ? — dans *un* centigramme ? — dans *un* décigramme ? — dans *un* gramme ?

796. Combien de *centièmes* de gramme dans *un* centigramme ? — dans *un* décigramme ? — dans *un* gramme ?

797. Combien de *dixièmes* de gramme dans *un* décigramme ? — dans *un* gramme ?

798. Le franc (fig. 6) **vaut 10** décimes, **100** centimes. Y a-t-il une différence :

Entre un *décime* et un *dixième* de franc ?

Entre *un centime* et *un centième* de franc ?

799. Combien de *centièmes* de franc dans *un* centime ? — dans *un* décime ? — dans un franc ?

800. Combien de *dixièmes* de franc dans *un* décime ? — dans *un* franc ?

Fig. 6. — Le franc.

801. Combien de *décilitres* dans **80** centilitres ? — dans **200** millilitres ? — dans **5** litres ?

802. Combien de mètres dans **200** centimètres ? — dans **40** décimètres ? — dans **50** décimètres ?

803. Combien de *centigrammes* dans **60** milligrammes ? — dans **5** décigrammes ? — dans **2** grammes ?

804. Combien de *centimes* dans **20** décimes ? — dans **5** décimes ? — dans **3** francs ?

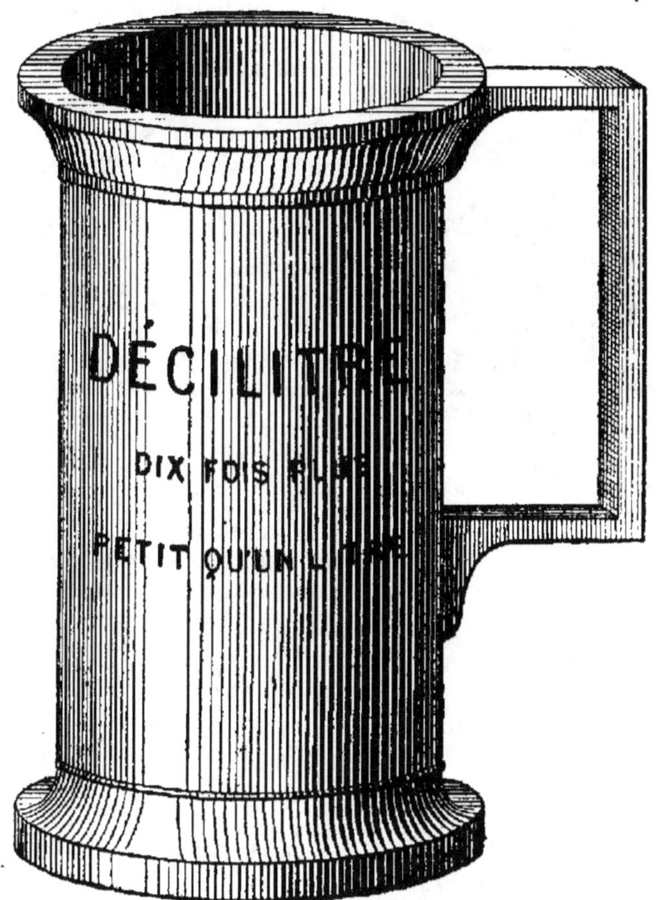

Fig. 7. — Le décilitre est contenu *dix* fois dans le litre.

805. Combien de *décimètres* dans **500** millimètres ? — dans **30** centimètres ? — dans **4** mètres ?

806. Le mètre est la dixième partie du décamètre, la centième partie de l'hectomètre, la millième partie du kilomètre. Combien y a-t-il de *mètres* dans *un* décamètre ? — dans *un* hectomètre ? — dans *un* kilomètre ?

807. Combien le *kilomètre* vaut-il de mètres? Et l'hectomètre? Et le *décamètre*?

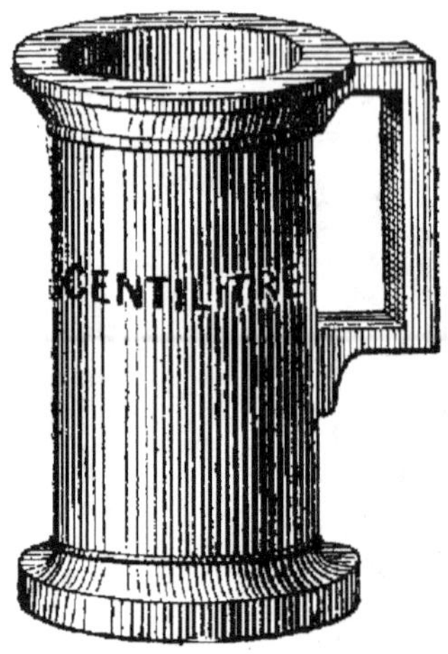

Fig. 8. — Le centilitre est contenu *dix* fois dans le décilitre et *cent* fois dans le litre.

808. Combien de *décamètres* dans **20** mètres? — dans **3** hectomètres? — dans **4** kilomètres? — dans **500** décimètres?

809. Combien de *mètres* dans **600** centimètres? — dans **50** décimètres? — dans **20** décamètres? — dans **4** hectomètres?

810. Combien d'*hectomètres* dans **500** mètres? — dans **3** kilomètres? — dans **60** décamètres?

811. Combien de *kilomètres* dans **300** décamètres? — dans **50** hectomètres? — dans **2000** mètres?

812. Le gramme est la dixième partie du décagramme, la centième partie de l'hectogramme, la millième partie du kilogramme. Combien y a-t-il de *grammes* dans *un* décagramme? — dans *un* hectogramme? — dans *un* kilogramme?

813. Combien le *kilogramme* (fig. 9) vaut-il de grammes? Et l'*hectogramme* (fig. 10)? Et le *décagramme* (fig. 11)?

814. Combien de *décagrammes* dans **20** grammes? — dans **3** hectogrammes? — dans **4** kilogrammes? — dans **500** décigrammes?

815. Combien de *grammes* dans **600** centigrammes? — dans **50** décigrammes? — dans **20** décagrammes? — dans **4** hectogrammes?

816. Combien d'*hectogrammes* dans **800** grammes? — dans **2** kilogrammes? — dans **40** décagrammes?

817. Combien de *kilogrammes* dans **200** décagrammes? — dans **30** hectogrammes? — dans **1000** grammes?

818. Le litre est la dixième partie du décalitre, la centième partie de l'hectolitre, la millième partie du kilolitre. Combien y a-t-il de *litres* dans *un* décalitre? — dans *un* hectolitre? — dans *un* kilolitre?

819. Combien le *kilolitre* vaut-il de litres? Et l'*hectolitre*? Et le *décalitre?*

Fig. 9. — Kilogramme en fonte (grandeur réelle).

Fig. 10. — Hectogramme en fonte
(grandeur réelle).

Fig. 11. — Décagramme.

Fig. 12. — Poids en lamelles.

820. Combien de *décalitres* dans **30** litres? — dans **5** hectolitres? — dans **7** kilolitres? — dans **600** décilitres?

821. Combien de *litres* dans **400** centilitres? — dans **50** décilitres? — dans **20** décalitres? — dans **8** hectolitres?

822. Combien d'*hectolitres* dans **500** litres? — dans **9** kilolitres? — dans **70** décalitres?

823. Combien de *kilolitres* dans **300** décalitres? — dans **50** hectolitres? — dans **2 000** litres?

824. Les dixièmes, les centièmes, les millièmes sont appelés unités décimales : pourquoi?

825. Qu'appelle-t-on nombre décimal?

826. Quand on écrit en chiffres un nombre décimal, où place-t-on le chiffre des *dixièmes?* — le chiffre des *centièmes?* le chiffre des *millièmes?*

827. Quel est le signe qui sépare la partie entière de la partie décimale?

828. Quel est le chiffre des dixièmes dans $3^f,25$? — dans $12^m,425$?

829. Quel est le chiffre des centièmes dans $15^l, 36$? — dans $2^l, 438$?

830. Quel est le chiffre des millièmes dans $4^{gr},235$?

831. Quelles sont les unités décimales représentées par le chiffre placé au *premier* rang à droite du chiffre des unités? — au *deuxième* rang? — au *troisième* rang?

832. De combien de parties se compose un nombre décimal?

833. Comment appelle-t-on un nombre qui n'a que des unités décimales?

834. Énoncez la partie entière, puis la partie décimale des nombres suivants :

$4^f, 25$	$69^m,4$	$76^l, 415$	$205^{gr},316$
$3^f, 50$	$362^m,345$	$39^l, 25$	$84^f, 75$
$4^m,508$	$6^l, 3$	$12^{gr},43$	$3^l, 05$

835. Lisez les fractions décimales suivantes :

$0^m,7$	$0^l, 8$	$0^{gr},34$	$0^m,007$
$0^m,45$	$0^l, 312$	$0^f, 45$	$0^{gr},039$
$0^m,325$	$0^{gr},9$	$0^f, 5$	$0^{gr},904$
$0^l, 42$	$0^{gr},620$	$0^m,04$	$0^m,090$

CHAPITRE V

ADDITION DES NOMBRES DÉCIMAUX

$$A \quad 23,40 \quad + \quad 9,35 \quad = \quad 32,75$$
$$B \quad 7,83 \quad + \quad 25,46 \quad = \quad 33,29$$

A. Je dis :

40 centièmes et 35 centièmes, **75** centièmes ;
23 unités et 9 unités, **32** unités, et 75 centièmes, **32,75**.

B. Je dis :

83 centièmes et 46 centièmes, **129** centièmes ou **1,29** ;
7 unités et 25 unités, **32** unités, et 1,29, **33,29**.

Règle. — *On fait la somme des unités décimales et on l'ajoute à celle des unités entières.*

Remarques. I. — *Un nombre entier et une fraction décimale.*

$$3 + 0,45.$$

Je dis :

3 unités et **45** centièmes, **3,45**.

II. — *Deux fractions décimales.*

$$0,52 + 0,34.$$

Je dis :

52 centièmes et 34 centièmes, **86** centièmes, ou **0,86**.

$$0,6 + 0,89.$$

Je dis :

6 dixièmes ou **60** centièmes et **89** centièmes,
149 centièmes ou **1,49**.

EXERCICES.

836. Combien font 5 fr.   plus $0^f, 15$
837.   —   4 fr.   — $0^f, 75$
838.   —   6 fr.   — $0^f, 95$
839.   — $1^m,25$ — 2^m
840.   — $2^m,75$ —   5
841.   — $3^m,80$ —   3
842.   — 125^l — $0^l, 95$
843.   — 240^l — $0^l, 85$
844.   — $2^{gr},25$ — $1^{gr},30$
845.   — $4^{gr},40$ — $2^{gr},50$
846.   — $5^{gr},25$ — $6^{gr},15$
847.   — $3^{gr},70$ — $5^{gr},20$
848.   — $7^{gr},10$ — $3^{gr},80$
849.   — $0^f, 15$ — $0^f, 70$
850.   — $0^f, 40$ — $0^f, 55$
851.   — $0^f, 18$ — $0^f, 62$
852.   — $0^f, 30$ — $0^f, 58$
853.   — $0^f, 42$ — $0^f, 39$
854.   — $0^m,46$ — $0^m,64$
855.   — $0^m,25$ — $0^m,75$
856.   — $0^m,80$ — $0^m,95$
857.   — $0^m,37$ — $0^m,82$
858.   — $0^m,75$ — $0^m,75$
859.   — $6^l, 48$ — $10^l, 65$
860.   — $12^l, 85$ — $23^l, 35$
861.   — $45^l, 55$ — $40^l, 80$
862.   — $9^l, 30$ — $25^l, 95$
863.   — $10^l, 65$ — $80^l, 50$
864.   — $0^{gr},6$ — $8^{gr},32$
865.   — $6^{gr},45$ — $2^{gr},309$
866.   — $7^{gr},8$ — $11^{gr},25$
867.   — $12^{gr},92$ — $15^{gr},035$

868. Donnez les résultats des additions suivantes :

$45 + 0,89$	$0,35 + 0,42$	$10,8 + 3,45$	$125\ 804 + 3,7$
$36 + 0,95$	$0,44 + 0,56$	$29,7 + 2,36$	$92,621 + 2.95$
$0,88 + 39$	$0,60 + 0,97$	$54,72 + 8,4$	$7,412 + 20$
$0.75 + 40$	$0,86 + 0,64$	$43,85 + 9,7$	$508,9 + 21,10$
$0,98 + 105$	$0,79 + 0,78$	$84,73 + 13,4$	$600,95 + 2,05$

PROBLÈMES.

869. Un ouvrier dépense par mois **75** francs de nourriture et **32ᶠ,85** de loyer et frais divers : quelle somme doit-il donner ?

870. Un ouvrier dépense par mois **98ᶠ,75**, et place **20** francs à la caisse d'épargne : combien gagne-t-il par mois ?

871. Un meuble d'occasion a coûté **105** francs ; on le fait réparer et on paye **17ᶠ,25** : à combien revient le meuble ?

872. Que dois-je pour une paire de gants de **3ᶠ,75** et une cravate de **2ᶠ,25** ?

873. Votre père a gagné hier **9ᶠ,80** et avant-hier **7ᶠ,60** : quelle somme a-t-il reçue pour ces deux jours ?

874. Le loyer d'un appartement est de **600** francs, et l'on paye **31ᶠ,25** de contributions : quelle est la dépense totale pour le logement ?

875. Quel est le prix total de deux meubles que l'on a achetés, l'un **95ᶠ,85**, l'autre **80ᶠ,25** ?

876. Quel est le poids de la viande vendue par un boucher qui a livré **92ᵏᵍ,4** de bœuf et **80ᵏᵍ,6** de mouton ?

877. Quelle est la recette d'un conducteur d'omnibus qui a reçu **84ᶠ,30** pour les places d'intérieur, et **31ᶠ,50** pour les places d'impériale ?

878. Quel poids transporte-t-on sur une voiture à bras chargée d'une caisse de sucre de **42ᵏᵍ,18** et d'une caisse de bougie pesant **29ᵏᵍ,54** ?

879. Quel est le poids d'un fût plein de vin ? Le fût vide pèse **26ᵏᵍ,5** et le vin **220ᵏᵍ,84**.

880. Quelle est la recette d'un commerçant qui a vendu pour **200** francs d'étoffe et pour **63ᶠ,75** de mercerie ?

881. On a enlevé **18ᵐ,75** de toile à une pièce qui en contient encore **56ᵐ,80** : quelle était la longueur de cette pièce ?

882. J'ai payé à mon tailleur **95ᶠ,75** ; il me reste encore **72ᶠ,40** : quelle somme avais-je ?

883. J'ai payé **45** francs sur le montant d'une facture ; je dois encore **17ᶠ,85** : à quelle somme s'élevait cette facture ?

884. On achète deux bidons d'huile, l'un de **11ˡ,90**, l'autre de **8ˡ,10** : quelle est la contenance des deux bidons ?

885. Sur une pièce d'étoffe vendue au détail **500** francs, on perd **47ᶠ,75** : quel était le prix d'achat de cette pièce ?

CHAPITRE VI

SOUSTRACTION DES NOMBRES DÉCIMAUX

A   27,40   —   14,80   =   12,60
B   27   —   13,20   =   13,80

A. Je dis :

> 15 unités moins 14,80, **0,20**;
> 27,40 moins 15, **12,40**, et 0,20, **12,60**.

B. Je dis :

> 14 unités moins 13,20, **0,80**;
> 27 moins 14, **13**, et 0,80, **13,80**.

NOTA. — 15 — 14, 80 c'est l'unité ou **100** centièmes moins **80** centièmes; différence **20** centièmes.

Règle. — *On prend le nombre entier immédiatement supérieur au petit nombre, et on fait la somme des différences entre ce nombre entier et les deux nombres donnés.*

Remarques. I. — *Le plus petit nombre est un nombre entier*

$$27,85 — 12.$$

Je dis :

27 unités moins 12, **15** unités, et 85 centièmes, **15,85**.

II. *La partie décimale du petit nombre est inférieure à celle du grand nombre.*

$$37,75 — 15,40.$$

Je dis :

75 centièmes moins 40 centièmes, **35** centièmes;
37 unités moins 15, **22** unités, et 35 centièmes, **22,35**,

III. — *Deux fractions décimales.*

$$0,86 — 0,34.$$

Je dis :

86 centièmes moins 34, **52** centièmes, ou **0,52.**

$$0,4 — 0,25.$$

Je dis :

4 dixièmes ou 40 centièmes moins 25 centièmes, **15** centièmes, ou **0,15.**

EXERCICES.

886. Combien font $0^m,85$ moins $0^m,15$
887. — $0^l,95$ — $0^l,60$
888. — $3^f,25$ — 2^f
889. — $18^m,90$ — 11^m
890. — $19^m,35$ — $12^m,15$
891. — $7^l,20$ — $5^l,10$
892. — $9^m,45$ — $3^m,80$
893. — $16^m,18$ — $14^m,20$
894. — $49^m,30$ — $31^m,85$
895. — $92^l,25$ — $40^l,75$
896. — $5^l,12$ — $3^l,20$
897. — $38^g,35$ — $9^g,85$
898. — $69^g,28$ — $50^g,40$
899. — $90^g,12$ — $14^g,60$
900. — $50^g,27$ — $13^g,8$
901. — $75^g,9$ — 25^g
902. — $81^m,45$ — $11^m,28$
903. — $53^m,9$ — $12^m,75$
904. — $15^m,6$ — $9^m,92$
905. — 80^m — $20^m,85$

906. Donnez les résultats des soustractions suivantes :

87,3 — 79	48,37 — 17,24	0,48 — 0,24	39,26 — 18,40
102,8 — 36	9,85 — 6,7	0,95 — 0,8	45,12 — 24,8
29,95 — 17	110,56 — 90,40	0,112 — 0,108	58,3 — 39,55
76,315 — 30	13,42 — 2,29	0,4 — 0,315	46,9 — 17,31
39,84 — 19	80,15 — 15,05	0,77 — 0,625	31,85 — 20,9

PROBLÈMES.

907. Une pièce d'étoffe avait une longueur de **45ᵐ,75**; on en a pris **38** mètres : quelle quantité reste-t-il ?

908. Deux amis dépensent ensemble **13ᶠ,85**; l'un d'eux n'a que **5** francs : quelle somme doit donner le second ?

909. Un jeune homme achète un vêtement complet pour **88ᶠ,75** ; la jaquette a coûté **38** francs : quel est le prix du reste ?

910. Deux frères se partagent une somme de **73ᶠ,25**; l'aîné reçoit **37** francs : quelle est la part de l'autre?

911. Un père de famille mélange **12** litres d'eau à une provision de vin et obtient ainsi **85ˡ,50** de boisson : combien avait-il de litres de vin ?

912. On a payé **45ᶠ,25** à deux ouvriers; le premier a reçu **12ᶠ,10** : qu'est-il revenu au second?

913. Une treille a produit **92ᵏᵍ,75** de raisin; on en avait d'abord cueilli **79ᵏᵍ,45** : on demande le poids de la seconde cueillette ?

914. Une ménagère avait **98ᶠ,25** à dépenser; il ne lui reste plus que **43ᶠ,15** : combien a-t-elle déjà dépensé?

915. Un enfant a dans sa tirelire **28ᶠ,95**, dont **8ᶠ,95** en argent et en bronze : quelle somme a-t-il en or ?

916. Deux tas de pierres mesurent **15** mètres cubes ; le premier a **6ᵐᶜ,5** : quel est le volume de l'autre ?

917. Un propriétaire possédait **12** hectares de pré ; il en a vendu **6** hectares, **84** : quelle est la surface de ce qui lui reste?

918. Un enfant a une ficelle de **23ᵐ,85** attachée à un cerf-volant; il désire donner à cette ficelle une longueur de **50** mètres : de combien doit-il l'allonger ?

919. Combien me manque-t-il pour payer mon loyer de **90** francs, si j'ai **54ᶠ,90** ?

920. Le poids de la pièce de **2** francs est de **10** grammes; celui de la pièce de **0ᶠ,50** est de **2** gr.,**5** : quelle est la différence de poids de ces deux pièces ?

921. Une planche a **3** mètres de long; il s'agit de la ramener à une longueur de **1ᵐ,75** : de combien faut-il la raccourcir ?

922. La hauteur d'un préau d'école est de **5ᵐ,10**; celle des classes n'est que de **3ᵐ,90** : de combien la hauteur du préau dépasse-t-elle celle des classes ?

CHAPITRE VII

MULTIPLICATION DES NOMBRES ENTIERS

Premier cas.

$$8 \times 5 = 40$$

Un nombre *inférieur* à **10**   **multiplié par**   Un nombre *inférieur* à **10**.

Je dis :

5 fois 8 font **40**.

Règle. — *Cette opération se fait de mémoire.*

Nota. — Il convient de remarquer que **8** fois **5** et **5** fois **8** donnent le même résultat, ce que l'on exprime en disant : *Le produit ne change pas quand on intervertit l'ordre des facteurs.*

EXERCICES.

923. Donnez les produits des multiplications suivantes :

3×7	4×8	5×9	6×7
5×9	3×9	6×8	6×6
9×7	8×7	7×8	7×9
9×4	9×5	9×6	9×8

PROBLÈMES.

924. A **8** francs le cent de cahiers, quel est le prix de 700 cahiers ?

925. Combien fait de journées de travail en **9** semaines un ouvrier qui se repose le dimanche ?

926. Une famille consomme **3** litres de vin par jour : combien lui faut-il de litres pour la semaine ?

927. Un écolier reste en classe **6** heures par jour : combien y passe-t-il d'heures par semaine ?

Deuxième cas.

$$A \quad 625 \quad \times \quad 10 = 6250$$
$$B \quad 24 \quad \times \quad 100 = 2400$$
$$C \quad 8 \quad \times \quad 1000 = 8000$$

Un nombre *entier* **multiplié par** *dix, cent, mille,* *et* réciproquement.

A. Je dis :

    10 fois **625** font **625** dizaines ou **6250**.

B. Je dis :

    100 fois **24** font **24** centaines ou **2400**.

C. Je dis :

    1000 fois **8** font **8** mille ou **8000**.

Règle. — *Le produit est le nombre donné qui, selon le cas, exprime des dizaines, des centaines, des mille.*

Remarque. — En multipliant des *unités* par des *dizaines*, par des *centaines*, par des *mille*, et réciproquement, on obtient des *dizaines*, des *centaines*, *des mille*.

EXERCICES.

928. Combien font 7 fr. $\times$ **10** ? — 25 fr. $\times$ **10** ? — 243 fr. $\times$ **10** ?

929. Combien font **9** m. $\times$ **100** ? — **92** m. $\times$ **100** ? — **528** m. $\times$ **100** ?

930. Combien font 6 l. $\times$ **1000** ? — 34 l. $\times$ **1000** ? — **241** l. $\times$ **1000** ?

931. Combien font **10** gr. $\times$ **10** ? — **70** gr. $\times$ **100** ? — **100** gr. $\times$ **1000** ?

932. Combien font **120** kg. $\times$ **10** ? — **20** kg. $\times$ **100** ? — **280** kg. $\times$ **1000** ?

933. Combien font **10** fr. $\times$ **7** ? — **10** fr. $\times$ **31** ? — **10** fr. $\times$ **129** ?

934. Combien font **100** l. $\times$ **8** ? — **100** l. $\times$ **49** ? — **100** l. $\times$ **258** ?

Troisième cas.

$$45 \qquad \times \qquad 8 = 360$$

Un nombre
compris entre **multiplié par** *inférieur*
10 et 100   *à* **10,**

et réciproquement.

Je dis :

    8 fois 4 dizaines font **32** dizaines ou **320** ;
    8 fois 5 font **40**, et 320, **360**.

Règle. — *On multiplie par le petit nombre d'abord les dizaines, puis les unités du grand nombre, et on fait la somme des produits.*

Remarque. — *L'un des nombres est un nombre exact de dizaines.*

$$40 \times 6.$$

Je dis :

    6 fois 4 dizaines font **24** dizaines ou **240**.

EXERCICES.

935. Combien font 3 fois **40** noix? — 5 fois **60** noix? — 7 fois **80** noix?

936. Combien font 2 fois **90** noix? — 4 fois **70** noix? — 6 fois **20** noix ?

937. Combien font 3 fois **52** œufs? — 4 fois **25** œufs? — 2 fois **34** œufs?

938. Combien font 5 fois **21** œufs? — 6 fois **31** œufs? — 7 fois **61** œufs?

939. Combien font 2 fois **16** poules? — 3 fois **25** poules ? — 4 fois **36** poules?

940. Combien font 5 fois **72** poules? — 6 fois **84** poules? — 7 fois **92** poules ?

941. Combien font 8 fois **28** crayons? — 9 fois **46** crayons?— 4 fois **89** crayons?

942. Combien font 3 fois **29** crayons?— 5 fois **38** crayons?— 7 fois **47** crayons?

943. Combien font **9** fois **18** règles? — **8** fois **26** règles? — **6** fois **37** règles?

944. Combien font **8** fois **80** règles? — **7** fois **70** règles? — **5** fois **95** règles?

945. Combien font **30** fois **5** plumes? — **50** fois **4** plumes? — **90** fois **3** plumes?

946. Combien font **20** fois **7** plumes? — **80** fois **6** plumes? — **70** fois **8** plumes?

947. Combien font **31** fois **9** canifs? — **42** fois **2** canifs? — **57** fois **7** canifs?

948. Combien font **63** fois **3** canifs? — **75** fois **4** canifs? — **86** fois **2** canifs?

949. Donnez les produits des multiplications suivantes :

50×8	82×4	6×20	3×86
80×7	54×6	5×30	5×73
30×9	63×7	7×50	7×62
60×6	72×5	9×40	9×44
90×5	46×3	8×60	8×36

PROBLÈMES.

950. La pièce de deux francs pèse **10** grammes : quel est le poids de **48** pièces de deux francs?

951. Que pèsent ensemble **50** pains de sucre de **10** kilogrammes chacun?

952. Quelle somme renferme un rouleau de **100** pièces de **10** francs?

953. Quel est le prix d'une maison que l'on pourrait payer avec **150** pièces de **100** francs?

954. Un négociant achète des soieries et s'acquitte avec **17** billets de banque de **1 000** francs : quelle est la valeur de ces étoffes?

955. Que coûtent **10** barriques de vin à **125** francs l'une?

956. Quelle est la recette d'une compagnie qui transporte, par un train de plaisir, **1 000** voyageurs payant **10** francs chacun ?

957. Un fermier a vendu **100** moutons au prix de **37** francs la pièce : quelle somme doit-il recevoir?

958. Le mètre cube vaut **1 000** litres : quelle est, en litres, la valeur de **16** mètres cubes?

959. Le stère vaut **10** décistères : combien y a-t-il de décistères dans un tas de bois de **12** stères?

960. Quelle somme font **7** pièces de **20** francs?

961. Que doit-on pour **9** hectolitres de vin à **60** francs l'hectolitre?

962. Que payera-t-on pour **30** litres d'eau-de-vie à **4** francs le litre?

963. Que doit-on pour un banquet de **45** personnes à **6** francs par tête?

964. Quelle longueur ferait-on avec **8** pelotes de ficelle de chacune **50** mètres?

965. A combien revient la construction d'une clôture de **38** mètres de long, à **6** francs le mètre?

966. Combien faut-il de mètres de calicot pour faire **18** chemises, en employant **3** mètres par chemise?

967. Que doit-on pour **27** volumes achetés **4** francs chacun?

968. Combien y a-t-il de mètres de velours dans **9** pièces de **60** mètres chacune?

969. Quelle somme faut-il pour payer **67** journées d'ouvrier à **6** francs chacune?

970. Un boulanger vend en moyenne **98** pains par jour : combien en vendra-t-il dans *une* semaine?

971. Une ménagère dépense **34** francs par semaine : quelle sera sa dépense en **9** semaines?

972. Quel est le prix d'*une douzaine* de poulets à **4** francs chacun?

973. Une servante gagne **35** francs par mois : que lui payera-t-on pour **9** mois?

974. Un domestique économise **26** francs par mois : quelle somme aura-t-il au bout de **7** mois?

975. Pour défricher un terrain, un ouvrier a travaillé pendant **7** semaines de **6** jours chacune : combien doit-il recevoir, s'il est payé à raison de **4** francs par jour?

976. Combien y a-t-il de bougies dans **6** caisses contenant chacune **12** paquets de **8** bougies?

977. D'un tonneau de **228** litres on a tiré **8** brocs de **15** litres chacun : combien reste-t-il de vin dans ce tonneau?

978. Un rôtisseur a acheté dans le courant d'une semaine **7** douzaines de poulets à **3** francs pièce; il les a vendus **4** francs. Dites : 1º le prix d'achat; 2º le prix de vente; 3º le bénéfice.

Quatrième cas.

$$73 \times 20 = 1460$$

Un nombre *compris entre* **multiplié par** Un nombre *exact*
10 *et* 100   *de dizaines,*

et **réciproquement.**

20, c'est **2** dizaines.

Je dis :

     2 fois **73** font **146** dizaines ou **1460**.

Règle. — *On multiplie par les dizaines du nombre exact de dizaines et l'on obtient des dizaines.*

Remarque. — *Les deux nombres ne contiennent que des dizaines.*

$$80 \times 20.$$

Je dis :

     2 fois **8** font **16** centaines ou **1600**.

NOTA. — **10** fois **10** font **100** (**1** diz. $\times$ **1** diz. $=$ **1** cent.). Le produit des *dizaines* par des *dizaines* donne des *centaines*.

EXERCICES.

979. Combien font **58** francs $\times$ **20**? — **13** $\times$ **20**? — **43** $\times$ **30**? — **12** $\times$ **40**?

980. Combien font **63** litres $\times$ **50**? — **72** $\times$ **60**? — **86** $\times$ **90**? — **92** $\times$ **70**?

981. Combien font **14** mètres $\times$ **80**? — **27** $\times$ **90**? — **31** $\times$ **70**? — **48** $\times$ **30**?

982. Combien font **12** grammes $\times$ **20**? — **87** $\times$ **40**? — **59** $\times$ **60**? — **37** $\times$ **50**?

983. Combien font **79** mètres $\times$ **80**? — **27** $\times$ **90**? — **46** $\times$ **60**? — **55** $\times$ **70**?

984. Combien font **20** mètres $\times$ **32**? — **40** $\times$ **56**? — **30** $\times$ **18**? — **50** $\times$ **17**?

985. Combien font **60** litres $\times$ **13**? — **70** $\times$ **24**? — **80** $\times$ **35**? — **90** $\times$ **46**?

986. Combien font **70** francs × **19**? — **50** × **27**? — **30** × **41**? — **20** × **63**?

987. Combien font **71** grammes × **20**? — **40** × **89**? — **35** × **40**? — **50** × **83**?

988. Combien font **90** grammes × **80**? — **70** × **20**? — **60** × **30**? — **50** × **60**?

PROBLÈMES.

989. Combien y a-t-il de carreaux dans **20** fenêtres de **12** carreaux chacune?

990. La roue d'une machine fait **15** tours par minute : combien fait-elle de tours en **1** heure?

991. Quelle est la somme représentée par **62** piles de chacune **8** pièces de **5** francs?

992. Quelle est la somme représentée par **48** pièces de **20** francs?

993. Quelle est la somme représentée par **22** pièces de **50** francs?

994. Quel est le prix de **52** ares de terre à **80** francs l'are?

995. Quel est le nombre **70** fois plus grand que **37**?

996. Quelle somme faut-il pour payer **46** ouvriers qui ont gagné chacun **30** francs?

997. Que doit un meunier qui a acheté **55** sacs de blé à **30** francs l'un?

998. Un père de famille économise **40** francs par mois : quelle somme possède-t-il à la fin de l'année?

999. Combien un ouvrier gagne-t-il dans une année, s'il reçoit **30** francs par semaine?

1000. Quel est le prix de **60** rames de papier à **11** francs la rame?

1001. Une rame de papier contient **20** mains : combien y a-t-il de mains de papier dans **18** rames?

1002. Une main de papier contient **25** feuilles : combien y a-t-il de feuilles dans **80** mains?

1003. Quelle est la recette d'un chapelier qui a vendu **70** chapeaux à **16** francs chacun?

1004. Un objet pèse **50** grammes : quel est le poids de **97** objets semblables?

1005. Un seau à charbon peut contenir **20** litres : combien faut-il de litres de coke pour remplir **48** fois ce seau?

Cinquième cas.

$$\text{A } 625 \qquad \times \qquad 3 = 1875$$
$$\text{B } 127 \qquad \times \qquad 4 = 508$$

Un nombre *compris entre* **multiplié par** Un nombre *inférieur* 100 et 1 000 *à* 10,

et réciproquement.

A. Je dis :

3 fois 6 centaines font **18** centaines ou **1800**;

3 fois 25 font **75**, et 1800, **1875**.

Rapidement : 3 fois 625, **1875**.

B. Je dis :

4 fois 12 dizaines font **48** dizaines ou **480**;

4 fois 7 font **28**, et 480, **508**.

Rapidement : 4 fois 127, **508**.

Règle. — *On décompose le grand nombre en deux parties que l'on multiplie successivement par l'autre nombre, et on fait la somme des produits.*

L'examen du nombre indique la manière de le partager pour rendre le calcul plus facile.

Remarques. I. — *Le grand nombre est un nombre exact de centaines.*

$$500 \times 9.$$

Je dis :

9 fois 5 centaines font **45** centaines ou **4500**.

II. — *Le grand nombre ne renferme que des centaines et des dizaines.*

$$520 \times 8.$$

Je dis :

8 fois 52 dizaines font **416** dizaines ou **4160**.

EXERCICES.

1006. Combien font **500** mètres × **3**? — **600** × **5**? — **900** × **8**? — **200** × **9**?

1007. Combien font **430** francs × **5**? — **550** × **7**? — **640** × **8**? — **780** × **9**?

1008. Combien font **204** francs × **8**? — **212** × **3**? — **505** × **7**? — **615** × **4**?

1009. Combien font **325** litres × **8**? — **532** × **6**? — **645** × **9**? — **537** × **4**?

1010. Combien font **600** stères × **9**? — **620** × **9**? — **601** × **9**? — **621** × **9**?

1011. Combien font **345** stères × **8**? — **482** × **8**? — **571** × **7**? — **695** × **7**?

1012. Combien font **8** ares × **600**? — **9** × **700**? — **6** × **900**? — **5** × **800**?

1013. Combien font **4** ares × **520**? — **4** × **340**? — **4** × **260**? — **4** × **170**?

1014. Combien font **3** hectares × **225**? — **3** × **215**? — **3** × **132**? — **3** × **428**?

1015. Donnez les produits des multiplications suivantes :

200 × **9**	**7** × **600**	**218** × **6**	**2** × **985**
230 × **6**	**8** × **512**	**432** × **5**	**4** × **725**
315 × **3**	**6** × **480**	**515** × **4**	**3** × **618**
400 × **8**	**9** × **308**	**627** × **3**	**5** × **842**
420 × **7**	**5** × **640**	**342** × **2**	**6** × **312**

PROBLÈMES.

1016. Quel est le prix de **6** pièces de vin à **200** francs chacune ?

1017. Que doit-on pour **240** mètres de drap que l'on paye **9** francs le mètre ?

1018. Combien gagne par *trimestre* un comptable qui reçoit **225** francs par mois ?

1019. A **7** francs le centiare, quel est le prix d'un jardin de **129** centiares ?

1020. Quel est le prix d'achat de **115** kilogrammes de café à **5** francs le kilogramme ?

1021. Quel est le gain annuel d'un père de famille qui dans l'année travaille **305** jours à **6** francs par jour?

1022. Si une gerbe donne **7** litres de blé, dites la récolte d'une propriété qui a produit **900** gerbes?

1023. Quelle est, en litres, la provision d'huile d'un épicier qui en a acheté **8** barils contenant chacun **125** litres?

1024. Que doit-on pour le transport de **142** mètres cubes de pierre à raison de **3** francs le mètre cube?

1025. Quelle somme payera-t-on avec **119** pièces de **5** francs?

1026. Quelle est la quantité d'avoine consommée *annuellement* par un cheval qui en mange **5** litres par jour?

1027. Que faut-il payer pour **235** kilogrammes de chocolat, sachant que le kilogramme coûte **4** francs?

1028. Un boucher achète **3** bœufs; il les paye **568** francs chacun : quelle somme doit-il donner?

1029. Une commune a **114** pauvres; on a donné **6** francs à chacun d'eux : quelle somme a-t-on distribuée?

1030. Un poêle brûle par jour **9** kilogrammes de houille : quelle est la quantité de houille brûlée en **137** jours?

1031. Un fermier a vendu **9** vaches à **185** francs chacune; **8** bœufs à **975** francs la paire; **7** chevaux à **625** francs l'un, et **143** volailles à **3** francs la pièce : dites quelle somme il a reçue : 1° pour les vaches; 2° pour les bœufs; 3° pour les chevaux; 4° pour les volailles?

1032. Dans un incendie un cultivateur a perdu **5** vaches et **9** moutons. Chaque vache vaut en moyenne **215** francs et chaque mouton **22** francs : quelle perte a-t-il éprouvée?

1033. On a mis dans les allées d'un jardin **7** tombereaux de gravier de **2** mètres cubes chacun : à combien s'élève la dépense, si le mètre cube revient à **8** francs?

1034. Une personne a acheté un lot de bois pour **120** francs. Elle en a retiré **11** douzaines de perches à houblon et se propose de brûler le reste : à combien lui revient le bois à brûler, sachant que la demi-douzaine de perches vaut **4** francs?

1035. On estime à **341** mètres par seconde la vitesse du son dans l'air : quelle distance le son parcourrait-il en **7** secondes?

1036. La vitesse du son dans la fonte est en moyenne de **328** décamètres par seconde : quelle longueur de tuyaux faudrait-il pour que le son mît **6** secondes pour aller d'une extrémité à l'autre?

Sixième cas.

432   ×   30 = 12960

Un nombre *compris entre* **100** *et* **1 000**   **multiplié par**   **Un nombre** *exact de dizaines,* *et* **réciproquement.**

Je dis :

3 fois 400, **1200** ;

3 fois 32, **96**, et 1200, **1296** dizaines ou **12960**.

Rapidement :   3 fois **432**, **1296**, **12960**.

Règle. — *On multiplie le grand nombre par les dizaines de l'autre, et l'on obtient des dizaines.*

Remarques. I. — *Un nombre exact de centaines par un nombre exact de dizaines.*

$$400 \times 70.$$

Je dis :

7 fois **4**, **28** mille ou **28000**.

Nota. — **10** fois **100** font **1000**. (1 centaine × **1** diz. = **1** mille). Le produit des *centaines* par des *dizaines* donne des *mille*.

II. — *Un nombre ne contenant que des centaines et des dizaines par un nombre exact de dizaines.*

$$430 \times 20.$$

Je dis

2 fois **43**, **86** centaines ou **8600**.

EXERCICES.

1037. Combien font 700×20 ? — 200×30 ? — 400×50 ? — 300×40 ?

1038. Combien font **120** mètres $\times 50$? — 230×60 ? — 340×70 ? — 450×80 ?

1039. Combien font **109** mètres × **20**? — **131** × **30**? — **215** × **40**? — **312** × **50**?

1040. Combien font **245** litres × **60**? — **348** × **70**? — **507** × **80**? — **631** × **90**?

1041. Combien font **814** litres × **90**? — **935** × **80**? — **517** × **70**? — **646** × **60**?

1042. Combien font **40** litres × **300**? — **50** × **200**? — **30** × **700**? — **20** × **600**?

1043. Combien font **60** grammes × **210**? — **70** × **140**? — **80** × **350**? — **90** × **460**?

1044. Combien font **20** grammes × **117**? — **30** × **218**? — **40** × **309**? — **50** × **424**?

1045. Combien font **60** grammes × **438**? — **70** × **297**? — **80** × **403**? — **90** × **521**?

1046. Combien font **70** grammes × **612**? — **50** × **915**? — **30** × **824**? — **80** × **752**?

PROBLÈMES.

1047. Combien coûtent **200** hectolitres de blé à **20** francs l'hectolitre?

1048. Combien y a-t-il de litres dans **40** sacs de blé qui contiennent chacun **120** litres?

1049. Quel est le poids de **90** balles de coton pesant chacune **150** kilogrammes?

1050. Quelle est la capacité de **50** feuillettes de vin qui contiennent chacune **125** litres?

1051. Combien une source doit-elle fournir d'eau par jour pour suffire aux besoins d'une commune habitée par **147** familles, si chaque famille consomme journellement **40** litres d'eau?

1052. Un fermier a vendu **163** moutons au prix moyen de **40** francs : quelle somme doit-il recevoir?

1053. Quel est le poids de la viande consommée *annuellement* par un enfant qui en mange **90** grammes par jour?

1054. Quel poids de pain faut-il par jour pour la nourriture d'une pension de **60** élèves, si chacun d'eux en consomme **725** grammes?

1055. Un chef d'institution a eu toute l'année **70** pensionnaires payant chacun **650** francs : quelle a été sa recette?

Septième cas.

$$247 \times 500 = 123500$$

Un nombre *compris entre* **100** *et* **1000**   **multiplié par**   **Un nombre** *exact de centaines,*

et **réciproquement.**

Je dis :

5 fois 240, **1200** ;

5 fois 7, **35**, et 1200, **1235** centaines ou **123500**.

Règle. — *On multiplie par les centaines du nombre exact de centaines, et l'on obtient des centaines.*

Remarques. I. — *Les deux nombres ne contiennent que des centaines.*

$$600 \times 300.$$

Je dis :

3 fois 6, **18** dizaines de mille ou **180000**.

Nota. — $100 \times 100 = 10000$. (1 centaine $\times$ 1 centaine $=$ 1 dizaine de mille). Le produit des *centaines* par des *centaines* donne des *dizaines de mille.*

II. — *Un nombre ne contenant que des centaines et des dizaines par un nombre de centaines.*

$$150 \times 400.$$

Je dis :

4 fois 15, **60** mille ou **60000**.

EXERCICES.

1056. Donnez les résultats des multiplications suivantes

300 × 900	250 × 600	112 × 600	200 × 145
200 × 800	430 × 500	131 × 300	400 × 218
400 × 700	120 × 800	208 × 700	600 × 311
600 × 500	980 × 200	402 × 900	800 × 412
800 × 400	360 × 300	534 × 200	300 × 133

4.

PROBLÈMES.

1057. Que coûtera l'emplacement d'une maison qui occupera **200** mètres carrés, si l'on paye **300** francs le mètre carré?

1058. Un marchand de vins en gros achète à Bordeaux **150** pièces de vin à **200** francs l'une : quel sera le montant de la facture?

1059. Combien payera-t-on pour **235** chevaux, si chaque cheval est estimé **600** francs?

1060. A combien reviennent **125** pièces de velours payées à raison de **400** francs l'une?

1061. Quelle somme faut-il pour payer à la fin du mois **235** employés qui gagnent chacun **200** francs?

1062. Quel est le poids du chargement d'un navire qui transporte **300** pièces de vin pesant chacune **255** kilogrammes?

1063. Quelle est la quantité de gaz consommée par mois dans **145** établissements municipaux, si dans chacun on brûle **300** mètres cubes de gaz?

1064. Quelle dépense fait-on pour le chauffage de **165** établissements municipaux consommant chacun pour **400** francs de charbon?

1065. On vend **200** montres au prix moyen de **125** francs : donnez le montant de la facture.

PROBLÈMES DE RÉCAPITULATION SUR LA MULTIPLICATION.

1066. Une dame emploie **11** mètres de soie pour se faire une robe : si la soie n'avait que *moitié* de largeur, quelle longueur de soie devrait-elle acheter?

1067. On veut doubler un tapis qui a **6** mètres de long sur **5** mètres de large : si la doublure a **1** mètre de large, combien en faudra-t-il de mètres?

1068. Les lambris d'une salle ont une surface de **19** mètres carrés : que doit-on 1° au menuisier qui les a posés à raison de **7** francs le mètre carré; 2° au peintre qui les a décorés au prix de **2** francs le mètre carré?

1069. Lorsque le demi-mètre de drap coûte **6** francs, quel est le prix de **32** mètres?

1070. Le kilogramme de monnaie d'argent vaut **200** francs : quelle est la valeur de **80** kilogrammes d'argent monnayé?

1071. Un marchand fait payer **15** centimes le double décilitre de vin : à combien reviennent le litre et l'hectolitre?

1072. Combien a-t-on dépensé pour obtenir **8** pots de confitures, sachant qu'on a employé **6** kilogrammes de groseilles à **40** centimes le kilogramme, et **3** kilogrammes de sucre à **1** franc le kilogramme?

1073. Combien vaut l'hectolitre de vin, lorsqu'on paye le *demi-litre* **40** centimes?

1074. Lorsque le lait se paye **40** centimes le litre, que coûtent 1° le double litre, 2° une boîte contenant un décalitre et demi?

1075. Un enfant a lu une histoire contenue dans **9** pages de chacune **30** lignes : combien de lignes a-t-il lues?

1076. Quelle est la longueur d'un champ au bord duquel on peut planter **45** arbres en les espaçant de **5** mètres?

1077. Un enfant s'est amusé à placer des soldats en métal sur **18** rangées contenant chacune **20** soldats : trouvez le nombre de ces jouets?

1078. Un cultivateur laboure son champ en faisant **28** sillons; il lui a fallu en moyenne **6** minutes par sillon : combien a-t-il employé de minutes pour ce travail?

1079. Un agriculteur a récolté **82** sacs de pommes de terre contenant chacun **9** décalitres : quelle somme représente cette récolte à **1** franc le décalitre?

1080. Un vigneron a récolté **8** pièces de vin de chacune **22** décalitres; il vend ce vin **5** francs le décalitre : quelle somme recevra-t-il?

1081. Une société composée de **3** hommes, **3** femmes et **6** enfants a passé **6** jours à Paris. Les frais de voyage et de séjour se sont élevés à **10** francs par jour et par personne : trouvez le montant total de la dépense.

1082. Lorsque **1** franc de rente est rapporté par **20** francs de capital, dites la fortune d'une personne qui jouit d'une rente de **780** francs.

1083. Lorsque 5 francs d'intérêt sont rapportés par **100** fr. de capital, quel est l'intérêt de **900** francs?

1084. *Trois* frères reçoivent chacun **845** francs de la succession d'un oncle : à combien s'élève cette succession?

1085. Une troupe d'ouvriers doit creuser un fossé de **155** mètres de longueur sur **3** mètres de largeur : quelle longueur ferait cette troupe pendant le même temps, si le fossé n'avait que **1** mètre de large ?

1086. Quatre maçons construisent un mur de clôture qui doit avoir **47** mètres de long sur **4** mètres de haut : quelle longueur feraient-ils pendant le même temps, si le mur ne devait atteindre que **1** mètre de hauteur ?

1087. Un cultivateur peut labourer un champ en **13** heures ; son fils est **3** fois moins habile : quel temps mettrait ce dernier pour labourer le même champ[2].

1088. Une personne sans famille vend à fonds perdu une propriété estimée **12 000** francs, à condition qu'on lui payera chaque année **825** francs. Elle meurt au bout de **8** ans : quel est le bénéfice réalisé par l'acquéreur ?

1089. La surface d'un rectangle est le produit de la longueur par la largeur. Quelle est la surface de chacun des rectangles dont les dimensions respectives sont **18** mètres et **9** mètres ? — **27** mètres et **10** mètres ? — **45** mètres et **30** mètres ?

1090. La surface d'un triangle est le produit de la moitié de la base par la hauteur. Donnez la surface des triangles dont les dimensions sont : 1° base **48** mètres, hauteur **20** mètres ; 2° base **62** mètres, hauteur **40** mètres.

1091. On paye à l'octroi d'une ville **19** francs par hectolitre de vin et **9** francs par hectolitre de cidre ; combien doit-on : 1° pour l'entrée de **50** hectolitres de vin ; 2° pour celle de **24** hectolitres de cidre ?

1092. Une fabrique de velours emploie **175** ouvriers ; chaque ouvrier fait en moyenne **2** mètres par jour : combien cette fabrique peut-elle livrer de mètres de velours en **7** jours ?

1093. Un paysan a vendu à la foire **42** moutons et **3** bœufs. Le prix d'un mouton est de **30** francs et celui d'un bœuf de **515** francs : quelle somme a-t-il reçue ?

1094. Une douzaine de mouchoirs vaut **14** francs : quel sera le prix de **8** douzaines et demie ?

1095. On achète **35** litres d'eau-de-vie à **4** francs le litre ; on donne en payement un billet de **100** francs : que doit-on encore ?

CHAPITRE VIII

DIVISION DES NOMBRES ENTIERS

Premier cas.

$$\textbf{A } \ 48 \quad : \quad 6 = 8.$$

$$\textbf{B } \ 50 \quad : \quad 6 = 8.\text{R}.2.$$

Un nombre *inférieur à dix fois le diviseur* **divisé par** Un nombre *inférieur à* **10**.

A. Je dis :

En **48** combien de fois **6**, 8 fois.

B. Je dis :

En **50** combien de fois **6**, 8 fois, et reste **2**.

Règle. — *Cette opération se fait de mémoire.*

EXERCICES.

1096. En **5** gr., en **10** gr., en **15** gr., en **20** gr., en **25** gr., en **30** gr., en **35** gr., en **40** gr., en **45** grammes, combien de fois **5** grammes ?

1097. En **6** ares, en **12** a., en **18** a., en **24** a., en **30** a., en **36** a., en **42** a., en **48** a., en **54** a., combien de fois **6** ares ?

1098. En **7** hectares, en **14** ha., en **21** ha., en **28** ha., en **35** ha , en **42** ha., en **49** ha., en **56** ha., en **63** hectares, combien de fois **7** hectares ?

1099. En **8** stères, en **16** st., en **24** st., en **32** st., en **40** st., en **48** st., en **56** st., en **64** st., en **72** stères, combien de fois **8** stères ?

1100. En **9** kilogrammes, en **18** kg., en **27** kg., en **36** kg., en **45** kg., en **54** kg., en **63** kg., en **72** kg., en **81** kilogr., combien de fois **9** kilogr ?

1101. Dites les quotients des divisions suivantes :

45 : 5	36 : 4	27 : 3	35 : 5
25 : 5	16 : 4	15 : 3	24 : 4
15 : 5	32 : 4	18 : 3	12 : 3
40 : 5	24 : 4	24 : 3	12 : 4
30 : 5	28 : 4	21 : 3	20 : 5

Donnez le quotient et le reste des divisions suivantes :

1102. **9** f. — **13** f. — **17** f. — **19** f. — **15** f. par **2**.

1103. **25** l. — **13** l. — **8** l. — **17** l. — **29** l. par **3**.

1104. **39** m. — **22** m. — **38** m. — **13** m. — **18** m. par **4**.

1105. **32** gr. — **16** gr. — **47** gr. — **18** gr. — **36** gr. par **5**.

1106. **44** gr. — **57** gr. — **20** gr. — **32** gr. — **50** gr. par **6**.

1107. **48** gr. — **58** gr. — **66** gr. — **19** gr. — **25** gr. par **7**.

1108. **53** gr. — **77** gr. — **68** gr. — **35** gr. — **39** gr. par **8**.

1109. **62** gr. — **77** gr. — **68** gr. — **28** gr. — **32** gr. par **9**.

1110. Trouvez la moitié de :
12 pommes — **10** p. — **14** p. — **18** p. — **16** pommes.

1111. Trouvez le tiers de :
15 poires — **18** p. — **27** p. — **24** p. — **21** poires.

1112. Trouvez le quart de :
20 hommes — **32** h. — **36** h. — **24** h. — **28** hommes.

1113. Trouvez le cinquième de :
25 cahiers — **30** c. — **45** c. — **40** c. — **35** cahiers.

1114. Trouvez le sixième de :
30 livres — **48** l. — **42** l. — **54** l. — **36** livres.

1115. Trouvez le septième de :
42 élèves — **35** él. — **63** él. — **49** él. — **56** élèves.

1116. Trouvez le huitième de :
64 tables — **40** t. — **72** t. — **48** t. — **56** tables.

1117. Trouvez le neuvième de :
63 chevaux — **45** ch. — **81** ch. — **54** ch. — **72** chevaux.

Quotient exact au moyen des fractions.

1118. Trouvez exactement la moitié de :
3 f. — **7** f. — **11** f. — **9** f. — **17** f.

1119. Trouvez exactement le tiers de :
22 l. — **19** l. — **23** l. — **11** l. — **28** l.

1120. Trouvez exactement le quart de :
5 m. — **23** m. — **9** m. — **37** m. — **27** m.

1121. Trouvez exactement le cinquième de :
17 gr. — **12** gr. — **44** gr. — **36** gr. — **13** gr.
1122. Trouvez exactement le sixième de :
35 km. — **47** km. — **52** km. — **28** km. — **34** km.
1123. Trouvez exactement le septième de :
11 l. — **52** l. — **30** l. — **25** l. — **60** l.
1124. Trouvez exactement le huitième de :
22 f. — **17** f. — **49** f. — **60** f. — **70** f.
1125. Trouvez exactement le neuvième de :
42 m. — **57** m. — **64** m. — **75** m. — **87** m.

PROBLÈMES.

1126. *Deux* personnes se partagent un coupon de **19** mètres d'étoffe : combien chacune a-t-elle de mètres?

1127. Quel est le nombre *trois* fois plus petit que **27**?

1128. On partage également une gratification de **28** francs entre **4** ouvriers : quelle somme chacun recevra-t-il?

1129. Combien un ouvrier a-t-il travaillé d'heures par jour, s'il a été occupé **45** heures en **5** jours?

1130. La dépense d'un ménage a été de **48** francs pour **6** jours : quelle est la dépense moyenne pour chaque jour?

1131. *Sept* croisées renferment **56** carreaux : combien chaque croisée a-t-elle de carreaux?

1132. En **8** mois, une famille brûle **72** hectolitres de coke : quelle est la consommation mensuelle?

1133. Quel est le poids d'un pain de sucre, lorsque **9** pains semblables pèsent **63** kilogrammes?

1134. On a employé **81** mètres de soie pour faire **9** robes : combien a-t-il fallu de mètres pour chaque robe?

1135. Quelle est la contenance d'un bidon, lorsque **8** bidons contiennent **67** litres?

1136. La longueur de **7** planches égales est de **30** mètres : dites la longueur de chaque planche?

1137. En **6** jours, un voyageur dépense **42** francs : quelle est sa dépense journalière?

1138. En **5** jours, une voiture a transporté **47** mètres cubes de pierre : combien a-t-elle transporté de mètres cubes en un jour?

1139. On paye **35** francs pour **7** litres de cognac : à combien revient le litre?

Deuxième cas.

$$A \quad 72 \quad : \quad 24 = 3.R.0.$$
$$B \quad 72 \quad : \quad 23 = 3.R.3.$$
$$C \quad 72 \quad : \quad 26 = 2.R.20.$$

Un nombre *inférieur à* 10 *fois le diviseur* **divisé par** Un nombre *compris entre* 10 *et* 100.

A. Je dis :

En **7** combien de fois **2**, **3** fois ;
3 fois 24, **72** : quotient **3**.

B. Je dis :

En **7** combien de fois **2**, **3** fois ;
3 fois 23, **69** : quotient **3** ; reste 3.

C. Je dis :

En **7** combien de fois **2**, **3** fois ;
3 fois **26**, **78**. — 26 n'est pas contenu 3 fois dans **72** ; le quotient est donc **plus petit que 3**. J'essaye **2**.
2 fois **26**, **52**. Quotient **2**, reste **20**.

Règle. — *On divise les dizaines du dividende par les dizaines du diviseur. Le produit du diviseur par le quotient ne doit pas surpasser le dividende ; autrement le quotient serait trop fort. — Le reste doit toujours être plus petit que le diviseur.*

Remarque. — *Le dividende et le diviseur sont des nombres exacts de dizaines.*

$$150 : 30.$$

Je dis :

En **15** combien de fois **3**, **5** fois.
Le nombre ainsi obtenu n'est ni trop fort ni trop faible.

EXERCICES.

1140. Divisez par **11** les nombres de francs suivants :
22 — 55 — 99 — 33 — 66 — 44 — 77 — 88.

1141. Divisez par **12** les nombres de mètres suivants :
24 — 72 — 36 — 108 — 84 — 96 — 48 — 60.

1142. Divisez par **15** les nombres de litres suivants :
30 — 90 — 45 — 120 — 75 — 105 — 135 — 60.

1143. Divisez par **20** les nombres de grammes suivants :
80 — 20 — 180 — 120 — 40 — 160 — 140 — 60.

1144. Divisez par **21** les nombres d'ares suivants :
63 — 42 — 168 — 126 — 147 — 84 — 189 — 105.

1145. Divisez par **22** les nombres de mètres carrés suivants :
66 — 88 — 110 — 44 — 154 — 198 — 132 — 176.

1146. Divisez par **30** les nombres de mètres cubes suivants :
120 — 60 — 150 — 210 — 90 — 270 — 240 — 180.

1147. Divisez par **31** les nombres d'hectolitres suivants :
93 — 124 — 62 — 155 — 217 — 186 — 248 — 279.

1148. Divisez par **32** les nombres d'hectares suivants :
128 — 64 — 192 — 160 — 288 — 96 — 224 — 256.

1149. Divisez par **43** les nombres de stères suivants :
129 — 258 — 387 — 301 — 215 — 344 — 172 — 86.

1150. Divisez par **48** les nombres d'arbres suivants :
96 — 192 — 288 — 384 — 144 — 240 — 336 — 432.

1151. Divisez par **50** les nombres de planches ci-après :
450 — 100 — 400 — 150 — 350 — 200 — 300 — 250.

1152. Divisez par **54** les nombres de francs ci-après :
108 — 216 — 324 — 432 — 486 — 378 — 270 — 162.

1153. Divisez par **59** les nombres de mètres ci-après :
295 — 177 — 354 — 236 — 118 — 472 — 413 — 531.

1154. Divisez par **60** les nombres de litres ci-après :
300 — 180 — 420 — 540 — 120 — 480 — 360 — 240.

1155. Divisez par **62** les nombres de grammes ci-après :
124 — 372 — 248 — 496 — 310 — 434 — 186 — 558.

1156. Divisez par **65** les nombres de mètres carrés ci-après :
195 — 325 — 585 — 455 — 130 — 520 — 260 — 390.

1157. Divisez par **70** les nombres d'hectares ci-après :
350 — 280 — 420 — 630 — 490 — 560 — 140 — 210.

1158. Divisez par **72** les nombres de mètres cubes ci-après :

144 — 360 — 576 — 432 — 288 — 648 — 504 — 216.

1159. Divisez par **85** les nombres d'œufs ci-après :

425 — 255 — 170 — 510 — 340 — 680 — 595 — 765.

Donnez le quotient exact de chacune des divisions suivantes :

1160. **58** m. — **79** m. — **100** m. — **86** m. — **95** m. par **11.**

1161. **108** m. — **69** m. — **105** m. — **89** m. — **73** m. par **11.**

1162. **38** l. — **29** l. — **42** l. — **64** l. — **80** l. par **12.**

1163. **105** l. — **113** l. — **58** l. — **76** l. — **95** l. par **12.**

1164. **64** f. — **57** f. — **27** f. — **70** f. — **93** f. par **15.**

1165. **101** f. — **140** f. — **129** f. — **86** f. — **78** f. par **15.**

1166. **87** gr. — **104** gr. — **123** gr. — **137** gr. — **161** gr. par **20.**

1167. **172** gr. — **165** gr. — **170** gr. — **89** gr. — **57** gr. par **20.**

1168. **30** ares. — **62** ares. — **85** ares. — **108** ares. — **129** ares par **21.**

1169. **156** ares. — **181** ares. — **77** ares. — **88** ares. — **107** ares par **21.**

1170. **87** ha. — **29** ha. — **54** ha. — **79** ha. — **108** ha. par **22.**

1171. **135** ha. — **180** ha. — **175** ha. — **104** ha. — **86** ha. par **22.**

1172. **156** m. — **39** m. — **87** m. — **129** m. — **168** m. par **24.**

1173. **200** m. — **231** m. — **49** m. — **78** m. — **95** m. par **24.**

1174. **69** l. — **38** l. — **84** l. — **110** l. — **160** l. par **31.**

1175. **225** l. — **259** l. — **49** l. — **73** l. — **97** l. par **31.**

1176. **80** f. — **130** f. — **57** f. — **143** f. — **236** f. par **42.**

1177. **69** f. — **245** f. — **112** f. — **97** f. — **149** f. par **60.**

1178. **173** m. — **109** m. — **313** m. — **515** m. — **600** m. par **80.**

1179. **315** m. — **109** m. — **85** m. — **99** m. — **127** m. par **32.**

1180. **513** m. — **289** m. — **212** m. — **438** m. — **175** m. par **53.**

PROBLÈMES.

1181. En **12** jours, un touriste a parcouru **96** kilomètres : quel trajet a-t-il fait par jour?

1182. Quel est le prix de l'are d'une vigne, lorsqu'une parcelle de **22** ares coûte **198** francs?

1183. Un éditeur a livré à une école **15** douzaines de livres pour **135** francs : à quel prix revient la douzaine?

1184. Un tailleur emploie **96** mètres pour confectionner **32** pardessus : combien faut-il de mètres pour un pardessus?

1185. Lorsque **63** mètres de drap coûtent **504** francs, quel est le prix du mètre?

1186. En **18** jours une famille consomme **72** kilogrammes de pain : quel poids de pain lui faut-il chaque jour?

1187. Pour payer journellement **53** ouvriers, il faut **318** francs : combien chacun reçoit-il par jour?

1188. On livre **45** paires de chaussures pour **405** francs : à combien revient la paire?

1189. A combien revient le mètre carré de peinture, quand on paye **118** francs pour **59** mètres carrés?

1190. En **38** jours, un cheval a consommé **266** litres d'avoine : quelle quantité lui donne-t-on par jour?

1191. Une ouvrière a économisé **270** francs en **30** mois : quelle somme épargne-t-elle par mois?

1192. Une servante n'a dépensé pour son entretien que **126** francs en **14** mois : à combien s'est élevée sa dépense par mois?

1193. Une maîtresse de maison achète **96** mètres de toile et fait **8** paires de draps : combien de mètres emploie-t-elle pour chaque drap?

1194. Pour faire **24** demi-douzaines de tabliers, une couturière achète **216** mètres d'étoffe : combien emploie-t-elle de mètres d'étoffe par douzaine?

1195. Quel est le prix du mètre de mérinos, lorsque **76** mètres coûtent **304** francs?

1196. Un ouvrier peut faire **13** mètres d'ouvrage par jour : combien sera-t-il de jours pour faire **117** mètres?

1197. Pour ferrer un cheval à neuf, il faut 32 clous : combien ferrera-t-on de chevaux avec **256** clous?

1198. Combien aura-t-on d'hectolitres de blé pour **132** francs, si l'hectolitre vaut **22** francs?

Troisième cas.

A　8　　　　:　　　　10 = 0,8.
B 264　　　:　　　　100 = 2,64.
C　35　　　:　　　1 000 = 0,035.

Un nombre *quelconque* **divisé par** *dix, cent, mille.*

A. Je dis :

8 : 10, **8** dixièmes, ou **0,8.**

B. Je dis :

264 : 100, **264** centièmes, ou **2,64.**

C. je dis :

35 : 1000, **35** millièmes, ou **0,035.**

Règle. — *Le résultat cherché est le dividende qui, selon le cas, exprime des dixièmes, des centièmes, des millièmes.*

EXERCICES.

Divisez par 10 les nombres de francs suivants :
1199. 20 — 30 — 40 — 50 — 60 — 70 — 80.
1200. 90 — 14 — 25 — 36 — 48 — 57 — 69.
1201. 71 — 82 — 93 — 87 — 76 — 63 — 54.
1202. 100 — 900 — 700 — 600 — 800 — 400.
1203. 215 — 530 — 619 — 724 — 832 — 946.
1204. 341 — 429 — 920 — 840 — 750 — 630.
Divisez par 100 les nombres de mètres suivants :
1205. 300 — 400 — 500 — 600 — 770 — 880.
1206. 950 — 212 — 316 — 419 — 525 — 638.
1207. 780 — 913 — 117 — 100 — 245 — 340.
1208. 415 — 69 — 37 — 48 — 53 — 9 — 12 — 1.
Divisez par 1000 les nombres de litres suivants :
1209. 2 000 — 3 000 — 5 000 — 7 000 — 9 000.
1210. 900 — 540 — 280 — 732 — 887.
1211. 3 925 — 4 718 — 5 200 — 6 410 — 3 843.
1212. 92 — 54 — 66 — 9 — 7 — 10 — 8 000.
1213. 6 000 — 600 — 60 — 6 — 170 — 17 — 175.

Donnez le résultat de chacune des divisions suivantes :

1214. 9 f. : 10 ; — 9 : 100 ; — 7 : 1 000 ; — 45 : 10.

1215. 87 m. : 1 000 ; — 390 : 10 ; — 430 : 100 ; — 529 : 1 000.

1216. 53 l. : 1 000 ; — 530 : 100 ; — 50 : 10 ; — 875 : 100.

1217. 2 gr. : 1 000 ; — 3 : 100 ; — 4 : 10 ; — 52 : 100.

1218. 37 gr. : 1 000 ; — 49 : 10 ; — 24 : 100 ; — 36 : 1 000.

PROBLÈMES.

1219. A 60 francs l'hectolitre de vin, quel est le prix du litre ?

1220. 10 cahiers semblables renferment 420 pages : combien chaque cahier a-t-il de pages ?

1221. Un escalier de 10 marches conduit à 2 mètres de hauteur : dites la hauteur de chaque marche.

1222. Lorsque 10 décistères de bois valent 20 francs, quel est le prix du décistère ?

1223. L'hectolitre de vinaigre vaut 70 francs : quel est le prix du litre ?

1224. Lorsque 1 000 francs de capital donnent un revenu de 50 francs, que rapporte 1 franc ?

1225. On a rempli 100 bouteilles avec 80 litres : quelle est la contenance d'une bouteille ?

1226. Que coûte le kilogramme de sucre, lorsque les 1 000 kilogrammes reviennent à 1 100 francs ?

1227. 10 sociétaires se partagent 950 francs de bénéfice : que revient-il à chacun ?

1228. A 8 francs le *cent* de cahiers, que coûte le cahier ?

1229. Lorsqu'on paye 70 francs pour 10 volumes, à combien revient le volume ?

1230. 9 décalitres de blé ont coûté 18 francs : quel est le prix du litre ?

1231. Quand les 1 000 kilogrammes de charbon de terre coûtent 52 francs, à combien reviennent les 100 kilogrammes ?

1232. L'économe d'un collège qui compte 100 pensionnaires a reçu dans l'année 60 000 francs : quel est le prix de la pension, et combien chaque élève paye-t-il par trimestre ?

1233. On paye les pommes de terre 10 francs le quintal : quel est le prix du kilogramme, et combien peut-on avoir de kilogrammes pour *un* franc ?

Quatrième cas.

A 96	:	3 $=$ 32
B 519	:	5 $=$ 103.R.4
C 228	:	6 $=$ 38

Un nombre *au moins égal à 10 fois le diviseur*　　divisé par　　Un nombre *inférieur à 10.*

A.　96 $=$ 9 dizaines $+$ 6 unités.

Je dis :

9 dizaines : 3, **3** dizaines, ou **30**;

6 : 3, **2**, et 30, **32**.

B. 519 $=$ 5 centaines $+$ 19 unités.

Je dis :

5 centaines : 5, **1** centaine, ou **100**;

19 : 5, **3**, et 100, **103**, reste 4.

C. 228 $=$ 22 dizaines $+$ 8 unités.

Je dis :

22 dizaines : 6, 3 dizaines ou **30**; reste 4 diz. ou 40;
40 et 8, 48 : 6, **8**, et 30, **38**.

Règle. — *On partage le dividende en deux parties que l'on divise successivement par le diviseur. Si la division des plus hautes unités donne un reste, on ajoute ce reste à la seconde partie. Le quotient est la somme des résultats obtenus.*

C'est l'examen du nombre qui indique la manière de le partager.

EXERCICES.

Donnez le quotient des divisions suivantes :

1234. 24 oranges — 66 — 80 — 54 — 30 — 72 — 94 par 2.

1235. 36 pêches — 45 — 51 — 63 — 75 — 84 — 99 par 3.

1236. 44 pommes — 88 — 60 — 68 — 92 — 76 — 84 par 4.

Donnez le quotient des divisions suivantes.

1237. 60 poires — 95 — 65 — 90 — 75 — 55 — 70 par 5.

1238. 96 pommes — 84 — 66 — 72 — 90 — 78 — 102 par 6.

1239. 77 citrons — 91 — 105 — 84 — 98 — 126 — 119 par 7.

1240. 88 abricots — 96 — 120 — 168 — 104 — 144 — 152 par 8.

1241. 99 prunes — 180 — 135 — 108 — 126 — 144 — 153 par 9.

Donnez le quotient complet de chacune des divisions suivantes :

1242. 21 oranges — 43 — 69 — 87 — 35 par 2.

1243. 32 pêches — 44 — 53 — 67 — 73 par 3.

1244. 49 francs — 53 — 79 — 85 — 93 par 4.

1245. 51 mètres — 63 — 72 — 87 — 93 par 5.

1246. 64 litres — 75 — 80 — 89 — 69 par 6.

1247. 73 grammes — 82 — 95 — 75 — 86 par 7.

1248. 82 francs — 91 — 99 — 85 — 93 par 8.

1249. 98 mètres — 91 — 96 — 92 — 97 par 9.

Donnez le quotient des divisions suivantes :

1250. 200 oranges — 440 — 630 — 104 — 316 — 528 par 2.

1251. 600 pêches — 930 — 210 — 222 — 504 — 813 par 3.

1252. 800 prunes 240 — 516 — 712 — 832 — 908 par 4.

1253. 100 pommes — 630 — 115 — 235 — 420 — 650 par 5.

1254. 300 poires — 420 — 672 — 822 — 516 — 258 par 6.

1255. 700 citrons — 280 — 357 — 504 — 427 — 644 par 7.

1256. 400 abricots — 160 — 648 — 304 — 656 — 968 par 8.

1257. 450 coings — 270 — 342 — 198 — 585 — 693 par 9.

Donnez le quotient complet des divisions suivantes :

1258. 211 — 427 — 659 — 873 — 107 — 579 par 2.

1259. 104 — 154 — 208 — 269 — 365 — 427 par 3.

1260. 115 — 247 — 319 — 437 — 526 — 609 par 4.

1261. 109 — 207 — 324 — 458 — 654 — 801 par 5.

Donnez le quotient de chacune des divisions suivantes :

1262. **124 — 513 — 625 — 742 — 855 — 437** par **6**.
1263. **135 — 221 — 609 — 426 — 747 — 888** par **7**.
1264. **182 — 380 — 433 — 619 — 713 — 815** par **8**.
1265. **213 — 345 — 532 — 619 — 747 — 835** par **9**.

PROBLÈMES.

1266. Une fabrique compte **132** ouvriers dans **6** ateliers de même grandeur: combien chaque atelier a-t-il d'ouvriers?

1267. Pour payer **6** contremaîtres, il faut **324** francs par semaine : quelle somme chacun reçoit-il?

1268. Pour garnir les **5** fenêtres d'un appartement, on a dépensé **250** francs : quelle est la dépense par fenêtre?

1269. On paye **832** francs pour **8** fauteuils : quel est le prix du fauteuil?

1270. Un marchand en gros reçoit **9** caisses semblables contenant en tout **855** oranges : combien y a-t-il d'oranges dans chaque caisse?

1271. Un ouvrier livre en **3** mois pour **825** francs d'ouvrage : quel est son gain mensuel?

1272. **4** marchands achètent à la halle pour **168** francs de légumes : quelle somme chacun doit-il payer?

1273. En **7** jours un maquignon a payé **259** francs pour frais de nourriture de ses chevaux : quelle est sa dépense par jour?

1274. Un copiste a reçu **219** francs pour **4** semaines : quelle somme recevait-il par semaine?

1275. Sa dépense pendant ce temps a été de **124** francs : à combien s'est-elle élevée par semaine?

1276. Ses économies pendant le même temps sont de **84** francs : de combien sont-elles par semaine?

1277. Si l'on économise **3** francs par jour : combien mettra-t-on de temps pour avoir **324** francs?

1278. Combien peut-on acheter de volumes à **6** francs chacun avec une somme de **114** francs?

1279. **8** boîtes de lait contiennent **96** litres : quelle est la capacité de chaque boîte?

1280. Un père de famille donne **570** francs pour **6** mois de loyer : combien a-t-il à payer pour chaque mois?

Cinquième cas.

A	**57**	**:**	**30**	**= 1,9**	
B	**612**	**:**	**400**	**= 1,53**	

Un nombre *quelconque* **divisé par** Un nombre *exact de dizaines ou de centaines*.

A. Je dis :

57 : 3, **19** dixième ou **1,9**.

B. Je dis :

612 : 4, **153** centièmes ou **1,53**.

Règle. — *On divise par les dizaines ou par les centaines du diviseur ; le quotient est un nombre de dixièmes ou de centièmes.*

Remarque. — *Le dividende est un nombre de dizaines ou de centaines.*

$$140 : 20.$$

Je dis : 14 : 2, **7**.

$$1200 : 300.$$

Je dis : 12 : 3, **4**.

On n'a qu'à diviser les *dizaines* par les *dizaines* ou les *centaines* par les *centaines ;* le résultat exprime des *unités*.

EXERCICES.

Trouvez le quotient des divisions suivantes :

1281. 4 m. — 18 m. — 12 m. — 10 m. — 16 m. — 6 m. par **20**.

1282. 9 m. — 12 m. — 24 m. — 6 m. — 27 m. — 15 m. par **30**.

1283. 8 m. — 24 m. — 16 m. — 28 m. — 12 m. — 36 m. par **40**.

1284. 12 l. — 54 l. — 24 l. — 30 l. — 48 l. — 36 l. par **60**.

Trouvez le quotient des divisions suivantes :

1285. **42** l. — **56** l. — **21** l. — **35** l. — **49** l. — **63** l. par **70**.

1286. **72** l. — **40** l. — **16** l. — **48** l. — **64** l. — **56** l. par **80**.

1287. **45** gr. — **36** gr. — **81** gr. — **18** gr. — **54** gr. — **27** gr. par **90**.

1288. **35** gr. — **45** gr. — **25** gr. — **15** gr. — **5** gr. par **50**.

1289. **12** gr. — **6** gr. — **8** gr. — **14** gr. — **2** gr. par **200**.

1290. **9** f. — **15** f. — **21** f. — **27** f. — **18** f. — **24** f. par **300**.

1291. **4** f. — **32** f. — **28** f. — **16** f. — **24** f. — **36** f. par **400**.

1292. **18** f. — **12** f. — **30** f. — **24** f. — **6** f. — **42** f. par **600**.

1293. **7** f. — **63** f. — **14** f. — **56** f. — **21** f. — **49** f. par **700**.

1294. **8** f. — **64** f. — **56** f. — **16** f. — **48** f. — **32** f. par **800**.

1295. **81** f. — **63** f. — **45** f. — **27** f. — **9** f. — **72** f. par **900**.

1296. **25** f. — **45** f. — **35** f. — **40** f. — **20** f. — **10** f par **500**.

Trouvez le quotient des divisions suivantes :

1297. **140** f. — **210** f. — **350** f. — **630** f. — **560** f. — **280** f. par **70**.

1298. **150** f. — **60** f. — **270** f. — **240** f. — **120** f. — **180** f. par **30**.

1299. **240** f. — **560** f. — **160** f. — **640** f. — **400** f. — **480** f. par **80**.

1300. **180** f. — **360** f. — **720** f. — **270** f. — **540** f. — **810** f. par **90**.

1301. **120** f. — **280** f. — **160** f. — **240** f. — **200** f. par **40**.

1302. **400** m. — **800** m. — **1 600** m. — **200** m. — **1 200** m. par **200**.

1303. **3 500** m. — **2 100** m. — **4 200** m. — **4 900** m. — **1 400** m. par **700**.

1304. **1 200** m. — **2 400** m. — **900** m. — **2 700** m. — **600** m. par **300**.

1305. **1 600** m. — **4 000** m. — **3 200** m. — **4 800** m. — **5 600** m. par **800**.

1306. **900** m. — **4 500** m. — **1 800** m. — **3 600** m. — **2 700** m. par **900**.

1307. **1 800** m. — **3 600** m. — **1 200** m. — **4 800** m. — **5 400** m. par **600**.

1308. Donnez le quotient des divisions suivantes :

315 : 30	784 : 80	390 : 30	312 : 40
418 : 20	413 : 70	584 : 20	425 : 50
534 : 60	804 : 60	639 : 90	369 : 90
600 : 40	635 : 50	515 : 50	3200 : 800
708 : 30	784 : 40	906 : 60	4200 : 700
1812 : 60	2428 : 40	8172 : 90	3500 : 500

PROBLÈMES.

1309. Une voiture est chargée de **60** ballots qui font un poids de **900** kilogrammes : que pèse un ballot ?

1310. En **20** jours un marchand a débité **980** litres de vin : combien a-t-il vendu de litres par jour ?

1311. 200 pièces de monnaie semblables représentent une valeur de **1 000** francs : quelle est la valeur d'une pièce ?

1312. Un fruitier paye **12** francs pour **30** bottes de carottes : a combien lui revient la botte ?

1313. Combien y a-t-il d'heures dans **840** minutes ?

1314. 300 litres de liqueur coûtent **795** francs : quel est le prix du litre ?

1315. Quel est le prix du cahier, lorsque **500** cahiers coûtent **40** francs ?

1316. Que paye-t-on pour le blanchissage d'une chemise, si l'on donne **6** francs pour **30** chemises ?

1317. Que rapporte **1** franc de capital, lorsque **600** francs produisent **36** francs d'intérêt ?

1318. Le blanchissage de **60** mouchoirs a coûté **3** francs : que paye-t-on par mouchoir ?

1319. Un marchand fournit à une pension **70** paires de chaussettes pour **35** francs : à quel prix revient la paire ?

1320. Quel est le prix du kilogramme de sucre pour un épicier qui paye **196** francs les **200** kilogrammes ?

1321. J'ai eu **80** tablettes de chocolat pour **4** francs : quel est le prix de la tablette ?

1322. On a payé **6** francs pour **200** bâtons de sucre d'orge : à combien revient le bâton ?

1323. 70 pommes ont coûté **21** francs : dites le prix d'une pomme.

PROBLÈMES DE RÉCAPITULATION SUR LA DIVISION.

1324. **9** personnes ont dépensé **45** francs dans une partie de plaisir : calculez la dépense par personne.

1325. **20** paquets de crayons en contiennent **240** : combien y a-t-il de crayons par paquet?

1326. **6** boîtes contiennent **864** plumes : combien de plumes par boîte?

1327. **5** chevaux ont été payés **3 000** francs : quel est le prix d'un cheval?

1328. Il a fallu **360** mètres de toile pour faire **30** paires de draps : quelle est la longueur de la toile employée pour une paire?

1329. Pour **40** jours de travail un ouvrier a reçu **320** francs : quel est son gain par jour?

1330. Le transport de **9** pièces de vin a coûté **108** francs : combien a-t-on payé par pièce?

1331. **50** mètres de toile coûtent **150** francs : quel est le prix du mètre?

1332. Lorsque le mille d'oranges coûte **120** francs, quel est le prix du *cent?*

1333. **5** francs d'intérêt sont rapportés par **100** francs de capital : quel est le capital qui rapporte **1** franc d'intérêt?

1334. Lorsque **30** francs de rente coûtent **780** francs, quelle somme faut-il placer pour avoir **10** francs de rente?

1335. Combien de mètres cubes de pierres de taille a-t-on livrés pour **390** francs, si le mètre cube vaut **30** francs?

1336. Un entrepreneur de menuiserie a un travail qui pourrait occuper un homme pendant **120** jours : combien faut-il d'ouvriers pour le faire en **8** jours?

1337. Combien faut-il de jours à **7** ouvriers pour faire un travail qu'un seul homme exécuterait en **175** jours?

1338. Quelle est la somme en argent dont le poids est de **365** grammes?

1339. Combien faut-il de pièces de **5** francs en argent pour faire un poids de **825** grammes ?

1340. Un vigneron récolte **4600** litres de vin : combien lui faudra-t-il de tonneaux de chacun **200** litres pour loger cette récolte ?

1341. Le sac de blé se paye **30** francs : combien aura-t-on de sacs pour **960** francs ?

1342. Lorsque l'argent est placé à **5 p. 100**, l'intérêt est le vingtième du capital : quel intérêt rapportera une somme de **980** francs placée à **5 p. 100** ?

1343. Quel sera pour **1** an l'intérêt de **800** fr. à **5 p. 100** ?

1344. Quelle est la partie du capital représentée par l'intérêt, lorsque **3** francs de rente coûtent **81** francs ?

1345. Combien aura-t-on de rente avec **810** francs de capital, lorsque **3** francs de rente coûtent **81** francs ?

1346. On partage une somme de **900** francs entre les **100** pauvres d'une commune : combien chaque pauvre reçoit-il ?

1347. Une couturière a employé **386** mètres de soie pour faire un certain nombre de robes : combien emploiera-t-elle de mètres d'une étoffe double en largeur pour faire le même nombre de robes ?

1348. 18 ouvriers feraient un travail en **10** jours : combien faudrait-il occuper d'ouvriers pour faire le même travail en **20** jours ?

1349. Le cent de pommes coûte **8** francs : combien aura-t-on de pommes pour **32** francs ?

1350. Un voyageur compte faire à pied **20** kilomètres par jour. Il a **160** kilomètres à parcourir, et il part le lundi matin : quel jour arrivera-t-il à destination ?

1351. On a semé **9** décal. de blé, et on en a récolté **108** : combien la récolte est-elle de fois plus grande que la semence ?

1352. Un tailleur a **20** francs de bénéfice par costume complet. Il paye par mois **200** francs de loyer et **240** francs d'autres dépenses : combien doit-il faire de vêtements pour payer ses frais du mois ?

1353. Le kilogramme de pain coûte **40** centimes : combien aurait-on de demi-kilogrammes pour **8** francs ?

1354. Lorsque **10** mètres de soie coûtent **220** francs, combien paye-t-on le mètre et le décimètre ?

1355. On paye la viande **1** franc les **500** grammes : combien en aura-t-on de kilogrammes pour **8** francs ?

1356. L'hectolitre de houille pèse **70** kilogr. : combien faudra-t-il d'hectolitres pour faire un poids de **1 400** kilogr ?

1357. Un fermier achète pour son bétail du sel qu'il paye **8** centimes le demi-kilogramme : combien en aura-t-il de kilogrammes pour **24** francs ?

1358. Un épicier paye **400** francs pour du café acheté **40** centimes l'hectogramme : combien a-t-il reçu de kilogr. ?

TABLE DES MATIÈRES

(Les chiffres renvoient aux pages)

NOMBRES ENTIERS

ADDITION MENTALE DES NOMBRES ENTIERS

SOUSTRACTION MENTALE DES NOMBRES ENTIERS

NOMBRES DÉCIMAUX ET SYSTÈME MÉTRIQUE

ADDITION MENTALE DES NOMBRES DÉCIMAUX

SOUSTRACTION MENTALE DES NOMBRES DÉCIMAUX

MULTIPLICATION MENTALE DES NOMBRES ENTIERS

DIVISION MENTALE DES NOMBRES ENTIERS

Paris. — Imp. E. CAPIOMONT et Cⁱᵉ, rue des Poitevins, 6.

LA PREMIÈRE ANNÉE
DE LECTURE COURANTE

Morale, Connaissances usuelles, Devoirs envers la Patrie

Ouvrage contenant : 88 figures instructives, des devoirs oraux, un lexique, par
M. GUYAU, lauréat de l'Académie des sciences morales. In-12, cart.... 1 50
La même, Partie du Maître. In-12, cart............................ 2 50

> Programme de 1882. — Cours moyen (de 9 à 11 ans).
> Inscrit sur la liste des ouvrages fournis gratuitement
> par la Ville de Paris à ses écoles communales et adopté
> par le Ministère de l'instruction publique pour les
> Bibliothèques scolaires.

La Première année de Lecture courante est, avant tout, destinée
à intéresser les élèves tout en les instruisant. *Rester à la portée
des enfants*, telle a été la persistante préoccupation de l'auteur;
les instruire sur les devoirs qu'ils ont à remplir envers la famille
et la société, les initier aux connaissances les plus usuelles, tel a
été son programme.

La Première partie est intitulée *Devoirs de l'enfant et de
l'homme*. Ces leçons de morale découlent d'exemples choisis par
l'auteur avec un art achevé et un tact parfait. Tels de ces récits :
*l'Amour de la vérité, le Père délivré par sa fille, l'Enfant content
de soi*, etc., imprimeront des traces profondes dans l'esprit des
enfants et rempliront leur cœur d'une saine et profonde émotion.

La Seconde partie, intitulée *Connaissances usuelles*, résume en
une centaine de pages les notions les plus indispensables sur le
commerce, l'industrie, l'agriculture, l'hygiène, l'histoire naturelle,
l'astronomie.

La Troisième partie traite, sous une forme presque exclusivement anecdotique, des obligations envers la société et la patrie,
obligations dont l'importance s'accroît dans la vie moderne. Les
grandes institutions : caisses d'épargne, caisses de retraite; les
impôts; les écoles du gouvernement, l'administration de l'Etat, du
département, de la commune, y sont successivement passés en
revue. L'auteur a pris soin de mélanger ces sujets à des traits de
dévouement civique, à des biographies d'hommes utiles, de telle
sorte que la lecture de la *Troisième partie* présente le même attrait
que tout l'ensemble.

L'ouvrage contient de nombreuses *gravures* et des *devoirs
oraux*; il se termine par un *lexique* explicatif des mots difficiles.

Cet ouvrage fait suite à l'**Année enfantine de Lecture**, du même
auteur. 1 vol. in-12, cart............................ » 60

Et à l'**Année préparatoire de Lecture**, du même auteur. 1 volume in-12, cart............................ 1 »

Imp. E. CAPIOMONT et V. RENAULT, rue des Poitevins, 6. (N° 25.)